淡豆豉本草考证及应用

主　编　王伟明

副主编　霍金海　董　坤　孙许涛

编　委　高　辛　李梦雪　张雅楠

　　　　陈丽艳　方自若　方　芳

　　　　李凤金　刘华石

中医古籍出版社

Publishing House of Ancient Chinese Medical Books

图书在版编目（CIP）数据

淡豆豉本草考证及应用／王伟明主编．—北京：中医古籍
出版社，2021.10

ISBN 978-7-5152-2151-9

Ⅰ.①淡…　Ⅱ.①王…　Ⅲ.①豆豉—研究　Ⅳ.① TS214

中国版本图书馆 CIP 数据核字（2020）第 129619 号

淡豆豉本草考证及应用

王伟明　主编

责任编辑　郑　蓉　成晓玉
责任校对　王　毅
封面设计　韩博玥
出版发行　中医古籍出版社
社　　址　北京市东城区东直门内南小街 16 号（100700）
电　　话　010-64089446（总编室）　010-64002949（发行部）
网　　址　www.zhongyiguji.com.cn
印　　刷　廊坊市鸿煊印刷有限公司
开　　本　880mm×1230mm　1/32
印　　张　6.25
字　　数　139 千字
版　　次　2021 年 10 月第 1 版　2021 年 10 月第 1 次印刷
书　　号　ISBN 978-7-5152-2151-9
定　　价　28.00 元

前言

　　神农尝百草开中药之肇端，自此以降，历代先贤躬身实践，不断完善中药四气五味之属性、升降浮沉之功效，后世涌现出的药性、炮制、食疗等相关本草著作数不胜数，共同丰富了中医药理论体系，拓展了中药的临床应用，并使诸医家的经验感悟流传于世。时至现代，科学技术突飞猛进，研究方法层出不穷。应充分运用现代科技，也当挖掘传承前辈经验，如能深入探索中药理论的科学内涵，总结用药规律，提升中药炮制的工艺标准，师古不泥，汇古通今，定可以不断提高临床治疗水平，拓宽科学研究思路，进而实现守正创新之期许。

　　豆豉，作为药食同源的重要代表，历史悠久，应用广泛，在两千多年前的战国时期就已经作为食物出现。在汉代的典籍中，"豉"的食用与药用记载已十分常见。医圣张仲景在《伤寒论》中所记载的"栀子豉汤"应用广泛，流传久远，为历代医家常用之名方。宋代苏颂有云："古今方书用豉治病最多。江南人善作豉，凡得时气，即先用葱豉汤服之取汗，往往便瘥矣。"据不完全统计，清代以前的文献中，有40余部本草著作对淡豆豉有所记载，含有淡豆豉的方剂达90余首。

　　随着历代豆豉加工工艺的发展及其临床应用的拓展，逐渐出现了"配盐幽菽""蒸三遍""炒令黄""以酒渍""以醋制""九蒸九曝"等诸多炮制方法，并产生了用桑叶、青蒿焖制，以麻黄、紫苏炮制等诸多方法，形成了"淡豆豉""咸豆豉""香豉""黑豆豉""乌豆豉""清豆豉"等不同的炮制品名，共同丰富了豆豉的临床应用。清代以来，各医家专以"味淡无盐者"入药，遂逐渐以"淡豆豉"为正名。到了近现代，淡豆豉更是作为药食两用的佳品，被纳入国家卫生健康委员会公布的既是食品又是药品的物品名单。随着"健康中国"战略的逐步实施，药食两用中药以简、便、效、廉等诸多优势，广泛应用于食疗、养生、保健等多个领域。相信随着对淡豆豉功效和营养价值的进一步挖掘，淡豆豉将会在护佑人民群众身体健康方面发挥更多的积极作用，迎来更加广阔的产业化发展前景。

本书以淡豆豉为主线，系统梳理该药的临床应用，从淡豆豉的基本特性、本草记载、药对配伍、经典方剂及成方制剂、医案精选等方面，考证其入药起源，汇总其炮制方法，对照其分类鉴别，归纳其药物配伍，总结其用药规律，分析其临证医案，全面汇集淡豆豉的各方面属性特点。全书10万余字，分为6个章节，虽非鸿篇巨制，但亦收罗广博、取舍严谨。第一章由王伟明、董坤编写，第二章由霍金海、张雅楠编写，第三章由孙许涛、李梦雪编写，第四章由高辛、陈丽艳、方自若编写，第五章由董坤、方芳编写，第六章由高辛、李凤金、刘华石编写，全书由王伟明统一审改定稿。

第一章，主要介绍淡豆豉的基本特性，从历史变迁的角度考证淡豆豉植物起源、名称变迁、历史沿革、品种演化、炮制方法及性味归经等，阐释了淡豆豉在不同时期和地区的历史变迁及基本属性特点。

第二章和第三章，主要论述淡豆豉的本草记载。按照时间顺序，全面整理了从魏晋时期到近现代本草著作中关于淡豆豉的记载，并结合大量文献，从本草角度考证了淡豆豉的常见药对配伍，梳理了其用药特点和用药规律。

第四章至第六章，主要从处方和医案角度论述淡豆豉的临床应用。通过系统整理历代本草典籍、诸家医案等，在遵循原著的基础上，进行汇总归纳，并适当补充现代中成药和食疗方，拓展淡豆豉在临床治疗以及日常饮食中的合理应用。

作为当下在淡豆豉本草考证与应用方面总结较为全面的书籍，本书不仅在考证淡豆豉的历史沿革方面力求严谨，而且在论述时尽量通俗，使相关知识易懂、易用，以期在淡豆豉的临床应用、科学研究、日常使用等方面，让读者能够作为参考，并有所启迪。

本书的编撰虽力求详尽、全面、准确，但受时间精力所限，编排校勘难免存在纰漏，恳请广大读者朋友不吝指正。在本书成书过程中，承蒙段金廒教授悉心指导、惠予作序，谨此致以谢忱！

序

　　国家的医疗体系从以治疗疾病为中心向以维护健康为中心逐步转变，中医药作为现阶段重要的国家发展战略，已得到国内外的高度重视。在新型冠状病毒肺炎疫情防控过程中，中医药展现出独特的优势，发挥了不可替代的作用。古老的传统医学在当下的时代环境中再次书写辉煌，其"治未病"的思路和"药食同源"的理念也将更进一步施展重要战略意义和实用价值。要继承和发扬已沉淀数千年的宝贵经验，就必须读懂每一味中药的深厚底蕴，淡豆豉正是中医药宝库中亟待发掘的一部分。

　　淡豆豉作为一味发酵中药，历史悠久，具有解表除烦、宣发郁热等诸多功效，因其解表力在同类药物中相对较弱，在传统方剂中一般多作为辅助药物使用。王伟明研究员及其科研创新团队多年来从事淡豆豉研究工作，在以淡豆豉治疗心烦、失眠、脱发等方面又有了新发现。团队在长期从事中药新产品研发的过程中打下了深厚的基础，积累了丰硕的成果，特别在运用现代微生物理论和生物发酵技术，围绕中药发酵领域关键问题进行的创新性研究方面，开展了以淡豆豉为示范的多项中药发酵技术及其规范化应用研究，已经对淡豆豉发酵优势菌种进行了分离筛选，建立了发酵菌种库，并对其成分转化进行了研究，有效地提升了淡豆豉饮片的质量标准，保证临床有效性和安全性。现代研究表明，中药经体外发酵，可发挥益生菌和益生元的协同作用，提高生物利用度，亦可丰富中药的开发途径，拓展中药的临床应用。无论是在药品、食品领域，还是在营养和生物工程领域，药食两用的淡豆豉都有着广阔的开发前景。

本草考证对传承中医药理论有着独特的现实意义，对中医药创新应用有着重要的借鉴意义，应贯穿于新方新剂开发及其临床应用拓展研究的始终。《淡豆豉本草考证及应用》一书系统梳理了淡豆豉的历史沿革和临床应用，溯本求源，提纲挈领，既有中医理论之深邃，又有科普著作之通俗，言简意赅，科学实用。本书的出版是一个新起点，既丰富了淡豆豉的学术研究内容，又将对淡豆豉未来的推广应用和深入挖掘起到积极作用。

展卷之余，喜不胜收，爰志数语，略表心忱，以为弁言。

段金廒

2021 年 9 月

目录

淡豆豉的基本特性

第一节 淡豆豉的本草学概述

淡豆豉的药用历史非常悠久，历代本草典籍对淡豆豉均有记载。通过参考相关文献，本节主要从淡豆豉的药材基源、原植物形态、生境分布、饮片性状等几个方面进行总结概述。

一、药材基源

淡豆豉为豆科植物大豆 *Glycine max*（L.）Merr. 的成熟种子的发酵加工品[①]。

二、原植物形态

大豆为一年生直立草本，高 50 ～ 180cm。茎粗壮，多分枝，密生褐色长硬毛。叶柄长约 20cm，密生黄色长硬毛；托叶小，披针形；三出复叶，顶生小叶菱状卵形，长 7 ～ 13cm，宽 3 ～ 6cm，先端渐尖，基部宽楔形或圆形，两面均有白色长柔

---

① 周德生，胡华 . 大剂量中药临床应用［M］. 太原：山西科学技术出版社，2016.

毛，侧生小叶较小，斜卵形；叶轴及小叶柄密生黄色长硬毛。总状花序腋生；苞片及小苞片披针形，有毛；花萼钟状，萼齿 5，披针形，下面 1 齿最长，均密被白色长柔毛；花冠小，白色或淡紫色，稍较萼长；旗瓣先端微凹，翼瓣具 1 耳，龙骨瓣镰形；雄蕊 10，二体；子房线形，被毛。荚果带状长圆形，略弯，下垂，黄绿色，密生黄色长硬毛。种子 2～5 颗，黄绿色或黑色，卵形至近球形，长约 1cm。花期 6 月—7 月，果期 8 月—10 月。

三、原料品种

在历代本草著作中，关于药用豆豉的原料品种选择也有相关记载。一般选择黑豆，可炒熟用，也可生用，生熟之性有所差异。

宋代之前，制作淡豆豉的原料品种并无明确要求。宋代苏颂《本草图经》有"大豆有黑白二种，黑者入药，白者不用，其紧小者为雄豆，入药尤佳"之说。《本草衍义》云："生大豆有绿、褐、黑三种，亦有大、小两等。其大者出江、浙、湖南北，黑小者生他处，今用小者，力更佳。"其中"小者"指黑豆。宋代陈衍编撰的《宝庆本草折衷》云："淡豉……一名豉，一名豆豉，一名香豉。未炒者名生豉，去皮者名豉心。众方用者，名淡豆豉。出襄阳及钱塘、江南、蒲州、陕府。蒸乌豆为豉，或以寒菜缲汤煮浸豆暴成，今处处皆能造之。"可见到了宋代，开始强调淡豆豉的制作以黑豆为佳。

明代缪希雍曾在《神农本草经疏》中写道："豉，诸豆皆可为之，惟黑豆者入药。有盐、淡二种，惟江右淡者治病。"明代陈嘉谟《本草蒙筌》云："黑白种殊，惟取黑者入药；大小颗异，须求小粒煎汤。"而李时珍在《本草纲目》中则更加直接地指出："豉，诸大豆皆可为之，以黑豆者入药。有淡豉、咸豉，治病多用淡豉汁及咸者，当随方法。其豉心乃合豉时取其中心者，非剥皮取心也。"

从古籍文献中可推测出，古代医家们更推崇以黑豆作为淡豆豉入药炮制的原料。《历代中药炮制法汇典》[①] 等书及各省中药炮制规范所收载的淡豆豉的制作方法，也均为采用黑豆炮制。《中华人民共和国药典》中规定淡豆豉的原料为大豆，但大豆的品种较多，从外皮颜色上区分就有绿、黄、黑、褐等多种，因此，制作淡豆豉的原料品种还有待进一步商榷和研究。

四、生境分布

中国地域广阔，生态环境复杂多样，加之耕作习惯差异很大，因此在不同地区形成了各具特点的大豆品种。全国各地广泛栽培大豆，其产区分布较广，南起海南岛，北至黑龙江，除个别海拔极高的寒冷地区（如西藏、青海）之外，其他省市都可种植大豆。但由于自然条件限制，中国大豆生产相对集中，主要集中在东北和黄淮地区，并以东北为主产区。

五、采收加工

淡豆豉的制作原料为大豆，春种秋收，按粮食类农作物进行栽培、田间管理及病虫害防治。霜降后收割或拔取全株，晒干，打下种子，筛净泥土杂质，晒干以备后续加工[②]。

取桑叶、青蒿各 70～100g，加水煎煮，滤过，煎液拌入净大豆 1000g 中，待汁液吸尽后，蒸透，取出，稍晾，再置容器

---

① 王孝涛.历代中药炮制法汇典［M］.南昌：江西科学技术出版社，1989.
② 冉先德.中华药海：上册［M］.哈尔滨：哈尔滨出版社，1993.

内，用煎过的桑叶、青蒿渣覆盖，闷，使发酵至黄衣上遍时取出，除去药渣，洗净，置容器内再闷 15 ～ 20 天，至充分发酵、香气溢出时取出，略蒸，干燥[①]。

六、饮片性状

应注意鉴别饮片性状。淡豆豉应呈椭圆形，略扁，长 0.6 ～ 1cm，直径 0.5 ～ 0.7cm。外表面灰黑色，有光泽，皱缩不平。质柔软，断面呈棕黑色，气微香，味淡微甘。以粒大、质柔、饱满、色黑、附有膜状物、无糟粒者为佳[②]。

七、贮藏养护

将淡豆豉贮于干燥容器内，密闭保存，置于阴凉干燥处，注意防蛀。

第二节　淡豆豉的使用起源

在两千多年前的战国时期，豆豉就已经作为食物出现，并以其独特的风味和营养价值，在中华饮食文化中写下了不可或缺的一笔。同时，淡豆豉也是一味传统中药，据不完全统计，清代以前共有 40 余部不同年代的本草书籍对淡豆豉有所记录，含有淡豆豉的方剂共 90 余首。可见民间对于淡豆豉的使用，有

---

① 周重建，魏献波，马华 . 新版国家药典中药彩色图鉴 [M]. 太原：山西科学技术出版社，2016.

② 周德生，巢建国 . 果实和种子类中草药彩色图鉴 [M]. 长沙：湖南科学技术出版社，2016.

着扎实的实践基础 ①。

一、食用源流

中华民族崇尚以大地为粮仓，用五谷酿制美食，用美食疗愈身心。1973 年在浙江余姚河姆渡古文化遗址中发现的黑豆，至今已有约 7000 年的历史。北京自然博物馆展出的山西侯马出土的黄豆，是东周末年的文物。大豆原产于我国，栽培历史悠久，这是毋庸置疑的，我国人民习惯用文字记载历史，文字和文物便是最好的证明。

早在甲骨卜辞里就有"菽"字，"菽"是豆类的总称。《史记·五帝本纪》中记载："炎帝欲侵陵诸侯，诸侯咸归轩辕。轩辕乃修德振兵，治五气，艺五种，抚万民，度四方。"郑玄注曰："五种，黍、稷、菽、麦、稻也。"其中的"菽"，所指即大豆。《诗经·大雅·生民》曰："艺之荏菽，荏菽旆旆。"从这句话进行推断，可以得知，最迟在春秋时代人们就已经开始种植大豆了，但是豆豉起源于何时，尚无定论。

古人在食用大豆的过程中，偶然把煮熟的大豆幽闭于盎中，由此产生了豆豉。豆豉，古人最早称之为"幽菽"，其含义就是豆豉为煮熟的大豆幽闭发酵而得。到秦时，人们改称"幽菽"为"豆豉"，并一直沿用此名至今。早在西汉时期，豆豉便已成为"商品"，汉代的一些史料对其有所记载。清代美食家袁枚曾在《随园食单》中写道，烹调黄鱼时，要加"金华豆豉一茶杯"，豆豉可使菜肴得"沉浸浓郁"之妙处。我国较为有名的

---

① 郭文勇. 中药淡豆豉的质量评价方法及其"解表除烦"作用机制研究［D］. 上海：第二军医大学，2004.

豆豉有四川潼川豆豉和重庆永川豆豉、贵州干豆豉、山东水豆豉、广东阳江豆豉、湖南浏阳豆豉以及上海、武汉、江苏一带所产的豆豉等。我国江西盛产质量上乘的黑豆，所以自古以来，每逢早豆获得丰收，几乎每家每户都要制作豆豉。民间俗话说："南人不可一日无豉，北人不可一日无酱。"可见豆豉在我国南方应用尤多。在中华药食文化演变的过程中，各地不同的民俗风情、地理气候等，使豆豉具有了十分鲜明的地域特色。

二、药用源流

豆豉包括淡豆豉、咸豆豉、酱豆豉、酒豆豉等，其中淡豆豉既是一种美食，也是一味中药，在中医食疗中应用最为广泛。自汉代以来，典籍中出现了不少豆豉食用与药用的记载，汉代"豉"之药食两用已经十分常见。南北朝时期陶弘景云："豉，食中之常用。春夏天气不和，蒸炒以酒渍服之，至佳。"清代《随息居饮食谱》记载："豉，和胃，解鱼腥毒，不仅为素肴佳味也。"

淡豆豉作为一味传统中药，其应用至少已有 1700 余年的历史。但是，因为两汉和魏晋时期的本草书籍在后世保存不善，对于淡豆豉始载于哪本著作这个问题，尚存争议。多数本草书籍认为淡豆豉始载于《名医别录》，也有部分文献认为其始载于《伤寒论》或《本草汇言》①。

汉代张仲景《伤寒论》中有栀子豉汤，称豆豉为"香豉"，并对其功效进行了描述，用于治疗外感风寒、发汗后虚烦不眠、

---

① 王思齐，王满元，关怀，等. 淡豆豉的本草考证［J］. 中国现代中药，2018，20（4）：473-477，488.

心中懊侬、不思饮食等。宋代苏颂有云："古今方书用豉治病最多。江南人善作豉，凡得时气，即先用葱豉汤服之取汗，往往便瘥矣。"东晋葛洪《肘后备急方》描述葱豉汤："今江南人凡得时气，必先用此汤服之，往往便瘥。"以上两方在后世衍生出多个方剂，如三黄石膏汤、茵陈丸等，均参考了栀子豉汤；又如葱豉黄酒汤、神白散等，均有葱豉汤的影子。

第三节　淡豆豉的加工炮制

淡豆豉的加工炮制历史悠久。古人制作豆豉，几乎都是按照浸泡—蒸煮—多次发酵的工序进行，且要保证"发透"，以保障饮片的质量和功效。本草典籍中的"罯""罯""窨""盦""盦""黴（霉）""鬰（郁）"等方法，均体现出了发酵过程的特点[①]。古代所记载的豆豉的炮制方法达10余种，以蒸制和发酵为主，其区别主要体现在咸、淡的区分及辅料的不同上。

一、淡豆豉炮制的历史沿革

对于豆豉的制作方法，明清之前因有咸、淡区别而制法不同，当时淡豆豉入药并非主流，使用豆豉入药时，医家主要用咸豆豉，炮制方法以咸豆豉制作为主。到了明清时期及以后，各位医家开始逐渐认识和重视淡豆豉的药用功能，这一时期淡豆豉的制作工艺大体相似。到了现代，谈及"豉"之药用均为淡豆豉。下面按照历史朝代顺序，对淡豆豉炮制方法的沿革变

---

① 王思齐，王满元，关怀，等.淡豆豉的本草考证［J］.中国现代中药，2018，20（4）：473-477，488.

化及其特点加以详述。

东汉时期，许慎《说文解字》云："豉，配盐幽菽者，乃咸豉也。"推断在东汉时期，食用的豆豉可能为咸豆豉。张仲景《伤寒论》中称豆豉为"香豉"，方有栀子豉汤和栀子甘草豉汤，可惜并没有阐明具体制法。

南北朝时期，在陶弘景《名医别录》中，豆豉被列为中品，名"豉"，《本草经集注》继续延用"豉"之名，并写道："豉，食中之常用。春夏天气不和，蒸炒以酒渍服之，至佳。暑热烦闷，冷水渍饮二三升。依康伯法，先以酢酒溲蒸，曝燥，麻油和，又蒸曝之，凡三过，乃末椒、干姜屑合和以进食，胜今作油豉也。"《刘涓子鬼遗方》有"炒"豆豉的记载。我国杰出的农业科学家贾思勰在《齐民要术》中也称豆豉为"豉"，并非常详细地记载了三种制作方法，其一为"作豉法"，该种方法不加入任何辅料，只是单纯采用发酵法；其二为"《食经》作豉法"，这一种为咸豆豉的制法；其三为"作家理食豉法"，下铺生茅，上盖桑叶，这一种为淡豆豉的制法，此制法已经与后世李时珍的制淡豆豉法非常相近。可见，在南北朝时期，人们已经对豆豉的炮制工艺有了较为清晰的认识，对之作出了详细的描述。不过，同时期的其他医家大部分没有重视豆豉的咸淡之分。此外，晋代《肘后备急方》还有"熬令黄香"法。

至唐代，豆豉的炮制有"蒸三遍"和"炒令黄"（《备急千金要方》）、"蒸炒以酒渍服之"（《新修本草》）之法，还有酒制（《食疗本草》）、醋制（《外台秘要》）、造豉汁（《食疗本草》）等法。此时期本草典籍中还提及了豆豉的咸淡。陈藏器《本草拾遗》："蒲州豉，味咸，无毒……作法与诸豉不同，其味烈。陕州有豉汁，经年不败，入药并不如今之豉心，为其无盐故也。"孟

诶《食疗本草》："陕府豉汁，甚胜于常豉。以大豆为黄蒸，每
一斗加盐四升，椒四两，春三日、夏两日、冬五日即成。半熟，
加生姜五两，既洁且精。"从唐代本草典籍的记载中可推断出，
唐代有两种豆豉较为出名，一种为"蒲州豉"，一种为"陕府
豉"，二者均为咸豆豉，在炮制过程中均加入了盐。

到了宋代，豆豉的制法中增加了"九蒸九曝"（《太平圣惠
方》）。《证类本草》中记载了采用炒焦法炮制豆豉，炒豆豉清热
除烦[①]。

明代以后，出现了制作淡豆豉的详细记载[②]，同时，医家也
开始强调用"豉"之咸与淡。明代陈嘉谟在《本草蒙筌》中虽
未将"豉"单独列条，但写明"豆豉系蒸熟盦晒，江右每制卖
极多。味淡无盐，入药方验"，强调使用淡豆豉。《本草汇言》
称："淡豆豉，治天行时疾，疫疠瘟瘴之药也。"《普济方》中记
载了采用盐醋拌蒸法炮制豆豉。《本草纲目》中称豆豉为"淡
豉"和"淡豆豉"，提出使用淡豆豉，但并未排除咸豆豉，只说
"当随方法"。《本草纲目》中非常详细地描述了淡豆豉的炮制方
法："用黑大豆二三斗，六月内淘净，水浸一宿，沥干，蒸熟，
取出摊席上，候微温，蒿覆。每三日一看，候黄衣上遍，不可
太过。取晒簸净，以水拌干湿得所，以汁出指尖为准。安瓮中，
筑实，桑叶盖厚三寸，密封泥，于日中晒七日，取出，曝一时，
又以米拌入瓮，如此七次，再蒸过，摊去火气，瓮收筑封即成
矣。"《本草纲目》和《本草求真》等一些本草书籍所记载的方
法类似，均经过水浸、蒸制、药覆盖出黄衣，再以水拌入瓮，

---

① 朱克俭.实用临床中药手册［M］.长沙：湖南科学技术出版社，2008.
② 徐楚江.中药炮制学［M］.上海：上海科学技术出版社，1985.

反复七次，最后蒸干备用。李中立《本草原始》："淡豆豉，系蒸熟盒晒，江右每制卖极多。以淡名者，为其无盐，故淡也。"清代《本草述》中记载了采用清蒸法炮制淡豆豉。《本经逢原》："淡豆豉，用黑豆淘净，伏天水浸一宿，蒸熟摊干，蒿覆三日，候黄色取晒，下瓮筑实，桑叶厚盖，泥封七日取出，又晒，酒拌入瓮，如此七次，再蒸如前即是。"

二、淡豆豉的现代加工与炮制

淡豆豉的传统炮制方法为自然发酵，但这种方法杂菌较多，可能会带进有害菌，或产生对人体健康有害的黄曲霉毒素。另一方面，因淡豆豉以小作坊式的加工居多，工艺繁琐，生产周期长，加之各省、市、自治区炮制规范中所记载的制作方法各有不同，使得淡豆豉饮片质量得不到十分有效的控制。此外，食用豆豉也常常被充作淡豆豉入药使用。因此，到了近现代，医药学家们进一步完善了淡豆豉的炮制方法。有关淡豆豉的加工制作方法，国家药品标准和药典均有收载。

《中药材手册》中淡豆豉条：取纯净黑豆，放入锅内，用水煮熟，取出，晾晒至不粘手，装入容器内，一层黑豆上面盖一层去秆的青蒿（5 斤黑豆约需青蒿 1 斤）。装好后闷之，使发酵，至黄衣上遍时取出，如发现未完全发酵，可重洒水再闷，至所有黑豆均发酵为止，取出晒干后即为成品[1]。

《中药大辞典》中淡豆豉条：将黑大豆洗净。另取桑叶、青蒿的煎液拌入豆中，候吸尽后置蒸笼蒸透，取出稍晾，再置容

---

[1] 中华人民共和国卫生部药政管理局，中国药品生物制品检定所. 中药材手册[M]. 北京：人民卫生出版社，1990.

器内，用煎煮过的桑叶、青蒿覆盖，在 25 ～ 28℃和 80% 相对湿度下使其发酵，至长满黄衣时取出，除去药渣，加适量水搅拌，置容器内，保持 50 ～ 60℃再闷 15 ～ 20 日，俟其充分发酵，至有香气溢出时，取出，略蒸，干燥。每大豆 100kg，用桑叶、青蒿 10kg，或用青蒿、桑叶、苏叶各 10kg，麻黄 2.5kg，或用鲜辣蓼、鲜青蒿、鲜佩兰、鲜苏叶、鲜藿香、鲜薄荷及麻黄各 2kg。

2015 版《中华人民共和国药典》中淡豆豉的炮制方法为：取桑叶、青蒿各 70 ～ 100g，加水煎煮，滤过，煎液拌入净大豆 1000g 中，俟吸尽后，蒸透，取出，稍晾，再置容器内，用煎过的桑叶、青蒿渣覆盖，闷使发酵至黄衣上遍时，取出，除去药渣，洗净，置容器内再闷 15 ～ 20 天，至充分发酵、香气溢出时，取出，略蒸，干燥，即得。

但是，炮制等多方面因素造成了淡豆豉饮片质量控制方面的短板，其饮片往往优劣混杂，极大地限制了淡豆豉的开发和现代化发展。应在传承古人炮制方法精髓的基础上，发现新问题，使用新技术，深入探究和改良淡豆豉的炮制方法，更加细化、精确及明确地规定好淡豆豉发酵过程中的各个条件参数以及发酵菌种的种类和纯度，提升淡豆豉的质量标准，做到从源头到炮制过程再到发酵产品的量化把控。

三、炮制淡豆豉所用辅料

在淡豆豉的炮制过程中，辅料是一项十分重要的内容，有的是以其他中药如辣蓼、佩兰、紫苏叶、藿香、麻黄、青蒿、羌活、柴胡、白芷、川芎、葛根、赤芍、桔梗、甘草等煎取药汁，用以煮豆；有的是将药物研成粉末，同煮熟的大豆拌和，然后闷置发酵[①]；有的是以"清瘟解毒汤"为辅料进行炮制[②]。

"建昌帮"是以桑叶、青蒿为辅料炮制淡豆豉，具体炮制方法为：取桑叶、青蒿各 70 ～ 100g，加水煎煮，滤过，煎液拌入净大豆中，待吸尽后，蒸透，取出，稍晾，再置容器内，用煎过的桑叶、青蒿渣覆盖，闷使发酵至黄衣上遍时，取出，除去药渣，洗净，置容器内再闷 15 ～ 20 天，至充分发酵、香气溢出时，取出，略蒸，干燥，即得[③]。

"樟树帮"是用麻黄、紫苏进行炮制，具体炮制方法为：取黑大豆，淘净，去除豆荚皮和未成熟的浮豆，加入有紫苏叶和麻黄的清水中，加热至沸腾，微火保持微沸腾状态，用铁铲不断翻动，煮至大豆膨胀变软熟透、药汁被吸干，倒出，晒至七八成干，放入竹筐内，覆盖稻草，使其发酵（夏季约需 3 日，冬季 6 日）至大豆发热、生出黄衣和白霉，取出，晒至近干，再蒸透，晒干。每黑大豆 100kg，用紫苏叶、麻黄各 4kg[④]。

四、处方用名

宋代以前，大部分的本草著作称淡豆豉为"豉"。至元代，《珍珠囊补遗药性赋》开始使用"淡豆豉"作为药物名称，《活幼心书》中"信效方"所收录的处方中均用"淡豆豉"。明清以

① 郭文勇.中药淡豆豉的质量评价方法及其"解表除烦"作用机制研究［D］.上海：第二军医大学，2004.
② 成都中医学院.中药炮制学［M］.上海：上海科学技术出版社，1980.
③ 周德生，胡华.大剂量中药临床应用［M］.太原：山西科学技术出版社，2016.
④ 范崔生全国名老中医药专家传承工作室.樟树药帮中药传统炮制法经验集成及饮片图鉴［M］.上海：上海科学技术出版社，2016.

后，淡豆豉的药用名称逐渐统一[1]。

自清代开始，各医家专以"味淡无盐者"入药，遂逐渐以"淡豆豉"为正名。但"淡豆豉"是商品名，其处方名仍不尽相同，包括"香豉""豆豉""淡豆豉""炒豆豉"等。各医家所开处方中的"淡豆豉""香豉""豆豉"均指生的淡豆豉，即淡豆豉未经炒制入药者；处方中的"炒豆豉"，则是淡豆豉经过文火炒制，至外表略带焦斑所得的炮制品。

淡豆豉的其他别称还有"黑豆豉""乌豆豉""豉心""杜豆豉""清豆豉"等。

第四节　淡豆豉的性味归经

历代医家对淡豆豉性味归经的认识存在一些差异，一部分原因在于淡豆豉发酵过程中所用辅料和工艺的不同。目前《中华人民共和国药典》中是以寒凉性质的桑叶和青蒿作为发酵辅料，但是"多地多法多辅料"的现象依然存在，例如有些地区采用温热性质的紫苏和麻黄作为发酵辅料。

一、性味

历代本草典籍对淡豆豉药性的认识有所不同。《名医别录》认为淡豆豉"味苦，寒，无毒"。《备急千金要方·食治》："味苦、甘，寒，涩，无毒。"《洁古珍珠囊》："苦、咸。"《本草图经》认为大豆"作豉极冷"。《本草汇言》认为淡豆豉"味苦、

---

[1] 王思齐，王满元，关怀，等．淡豆豉的本草考证［J］．中国现代中药，2018，20（4）：473-477，488.

酸，气寒，无毒，可升可降"。《本草品汇精要》谓其"味苦，性寒，泄，气薄味厚，阴也"。《得配本草》谓其"苦，寒"。《医学启源》："寒，味苦。"《本草蒙筌》："味淡。"《要药分剂》："味苦，性寒。"《中华本草》："味苦、辛，性平。"《全国中草药汇编》："辛、甘、微苦，凉。"《中华人民共和国药典》："味苦、辛，凉。"

　　总体来说，宋代以前对于淡豆豉性味的认识较为一致，大多认为淡豆豉味苦性寒，而元以后则出现了认为淡豆豉有"温性"的分歧，并一直延续到明清[①]。这种分歧与炮制淡豆豉所用原料及其"咸淡"有一定关联，不同的炮制方法和辅料会在一定程度上影响药性，因此产生了争议。淡豆豉的传统加工炮制方法有两种，其一是以青蒿、桑叶等为辅料，因性偏寒凉，适于热性体质及风热感冒、热病胸中烦闷等；其二是以麻黄、紫苏等为辅料，因性偏温，多用于外感风寒、感冒头痛[②]，其透发解表力量主要是依靠麻黄、紫苏叶的发汗功用[③]。至近代，这种分歧依旧是存在的，但大多认为淡豆豉性寒凉，味苦、辛。

二、归经

　　对于淡豆豉的归经，不同本草书籍也有不同看法，但总体上趋于一致。《得配本草》认为淡豆豉"入手太阴经"，《本草经解》谓其"入足太阳寒水膀胱经、手太阳寒水小肠经""入手少

---

① 王思齐，王满元，关怀，等．淡豆豉的本草考证［J］．中国现代中药，2018，20（4）：473-477，488.

② 马汴梁．农家药采集加工与应用［M］．北京：金盾出版社，2012.

③ 张显臣．名老中医张显臣60年中药应用经验［M］．太原：山西科学技术出版社，2014.

阴心经、手少阳相火三焦经"，《雷公炮制药性解》谓其"入肺经"，《要药分剂》谓其"入肺经，入胃经"，《中华人民共和国药典》明确淡豆豉"归肺、胃经"。

历代本草典籍和不同医家对淡豆豉归经认识的差异，可能与淡豆豉的炮制方法和临床应用不同有关。现代研究者们更倾向于认为淡豆豉归肺、胃经。淡豆豉发汗力弱，有健胃、助消化的功效。

第五节　淡豆豉的功效主治

一、本草汇言

1.《名医别录》："主伤寒头痛寒热，瘴气恶毒，烦躁满闷，虚劳喘吸，两脚疼冷。又杀六畜胎子诸毒。"

2.《药性论》："主下血痢如刺者，豉一升，水渍才令相淹，煎一二沸，绞取汁，顿服。不瘥，可再服。又伤寒暴痢腹痛者，豉一升，薤白一握（切）。以水三升，先煮薤，内豉更煮，汤色黑，去豉，分为二服。不瘥，再服。熬末，能止汗，主除烦躁。治时疾热病，发汗。又治阴茎上疮痛烂，豉一分，蚯蚓湿泥二分，水研和涂上，干易，禁热食酒菜蒜。又寒热风，胸中疮生者，可捣为丸服，良。"

3.《日华子本草》："治中毒药蛊气，疟疾，骨蒸，并治犬咬。"

4.《本草分经》："苦，寒。发汗解肌，泄肺除热，下气调中。炒熟又能止汗。"

5.《开宝本草》："古今方书用豉治病最多。江南人喜作豉，凡得时气，即先用葱豉汤服之取汗，往往便瘥也。"

6.《药类法象》："主伤寒头痛寒热，脾气烦躁满闷。"

7.《汤液本草》："主伤寒头痛寒热。伤寒初觉头痛，内热脉洪，起一二日，便作此加减葱豉汤：葱白一虎口，豉一升，绵裹，以水三升，煎取一升，顿服取汗。若不汗，加葛根三两，水五升，煮二升，分二服。又不汗，加麻黄三两，去节。"

8.《本草衍义补遗》："去心中懊侬，伤寒头痛烦躁。"

9.《本草纲目》："其豉调中下气最妙。黑豆性平，作豉则温。既经蒸罨，故能升能散。得葱则发汗，得盐则能吐，得酒则治风，得薤则治痢，得蒜则止血，炒熟又能止汗，亦麻黄根节之义也。"

10.《本草蒙筌》："味淡无盐，入药方验。虽理瘴气，专治伤寒。佐葱白，散寒热头痛。助栀子，除虚烦懊侬。足冷痛甚，浸醇酒可尝。血痢疼多，同薤白煮服。仍安胎孕，女科当知。"

11.《雷公炮制药性解》："主伤寒头痛寒热，恶毒瘴气，烦躁满闷，虚劳喘吸。按：豉之入肺，所谓'肺苦气上逆，急食苦以泄之'之意也。伤寒瘴气，肺先受之，喘吸烦闷，亦肺气有余耳，向弗治耶。"

12.《本草备要》："宣，解表除烦。苦泄肺，寒胜热。（陈藏器曰：豆性生平，炒熟热，煮食寒，作豉冷。）发汗解肌，调中下气。治伤寒头痛，烦躁满闷，懊侬不眠，发斑呕逆。凡伤寒呕逆烦闷，宜引吐，不宜用下药以逆之。"

13.《本经逢原》："主伤寒头疼，寒热烦闷，温毒发斑，瘴气恶毒，入吐剂发汗，并治虚劳喘吸，脚膝疼冷，大病后胸中虚烦之圣药。合栀子治心下懊侬，同葱白治温病头痛，兼人中黄、山栀、腊茶，治瘟热疫疠，虚烦喘逆，与甘、桔、姜薤，治风热燥咳，皆香豉为圣药。盖瓜蒂吐胸中寒实，豆豉吐虚热懊忱。得葱则发汗，得盐则涌吐，得酒则治风，得薤则治痢，得蒜则止血。生用则发散，炒熟则止汗，然必江右制者方堪入药。"

14.《得配本草》："调中下气，发汗解肌。治伤寒温疟，时行热病，寒热头痛，烦躁满闷，发斑呕逆，懊忱不眠，及血痢腹痛。得薤白，治痢疾。配葱白煎，发汗。配生栀子，探吐烦闷。佐杏仁，开膈气。伤寒时症，宜下不宜汗者禁用。"

15.《本经疏证》："大豆为物，皮黑肉黄，故其用能致阴气于土，而贯土气于阴。观《别录》以之除胃中热痹伤中淋露，散五脏结积内寒，尽之矣。然水不得土则漫溢不行，土不得水则不黏易溃。能使土遂黏而不溃，则《本经》以之涂痈肿是也；能使水得防而易行，则《别录》以之逐水气是也。其性本重，入水即沉，浸之水而使为黄卷，则益重而下行，善发极下之闭郁；蒸之火而使为豆豉，则变轻而上行，善发上焦之韫结。"

16.《本草思辨录》："淡豉，《别录》：苦寒。李氏谓：黑豆性平，作豉则温，既经蒸罨，故能升能散。窃谓仲圣用作吐剂，亦取与栀子一温一寒，一升一降，当以性温而升为是。

"《别录》主烦躁，而仲圣止以治烦不以治躁。若烦而兼躁，有阳经有阴经。阳经则用大青龙汤、大承气汤，阴经则用四逆汤、甘草干姜汤、吴茱萸汤，皆无用淡豉者。盖阳经之烦躁，宜表宜下；阴经之烦躁，宜亟回其阳。淡豉何能胜任？《别录》以主烦躁许之，殊有可商。

"烦有虚有实。虚者正虚邪入而未集，故心中懊忱；实者邪窒胸间，故心中结痛。虽云实，却与结胸证之水食互结不同，故可以吐而去之。证系有热无寒，亦于肾无与。所以用豉者，豉苦温而上涌，栀泄热而下降，乃得吐去其邪，非以平阴逆也。

"张氏谓淡豉主启阴精上资，而邹氏遂以此为治伤寒头痛及瘰疬恶毒之据，不知其有毫厘千里之失。盖伤寒初起，与瘰疬恶毒，虽身发热，实挟有阴邪在内，故宜于葱豉辛温以表汗，或协人中黄等以解毒。何资于阴藏之精，且淡豉亦何能启阴藏之精者？试煎淡豉尝之，便欲作恶，可恍然悟矣。

"淡豉温而非寒，亦不治躁，确然可信。邹氏过泥《别录》，遂致诠解各方，忽出忽入，自相径庭。黑大豆本肾谷，蒸罨为豉，则欲其自肾直上。因其肾谷可以治肾，故《千金》崔氏诸方用以理肾家虚劳。因其为豉不能遽下，故与地黄捣散与地黄蒸饭。邹氏谓于极下拔出阴翳，诚是。乃其解葱豉汤，既谓宜于病起，猝难辨识，又谓是热邪，非寒邪，不知葛稚川立方之意，以初起一二日，头痛恶寒犯太阳，脉洪又恐热发阳明，投以葱豉，则邪解而阴阳两无所妨，正因难辨而出此妙方，宜后世多奉以为法。煎成入童便者，以葱豉辛温，少加童便，则阴不伤而藏气相得。如淡豉本寒，更加以童便之寒，葱白虽辛而亦寒，外达之力，必致大减，恐无此制剂之理也。"

二、功效主治

淡豆豉辛凉质轻，疏散宣透，既疏散风热，又宣散郁热，主治风热表证及郁热烦闷。用于感冒发热、寒热头痛、烦躁胸闷、虚烦不眠、斑疹、麻疹等，属清热药中的发散风热药。李时珍："其豉调中下气最妙。黑豆性平，作豉则温，既经蒸罨，故能升能散。得葱则发汗，得盐则能吐，得酒则治风，得薤则治痢，得蒜则止血，炒熟又能止汗，亦麻黄根节之义也。"现将淡豆豉的功效主治简单归纳如下：

1. 发汗解表

淡豆豉质轻，辛散苦泄，性寒，入肺经，具有疏散宣透之性，既能透散表邪，又能宣散郁热，并且发汗之力颇为平稳，有"发汗不伤阴"之说。《名医别录》："主伤寒头痛寒热，瘴气恶毒，烦躁满闷，虚劳喘吸，两脚疼冷。"常用治外感初起，症见恶寒发热，无汗，头痛鼻塞等。

若用于风寒感冒，往往与葱白、薄荷等相配伍，如葱豉荷米煎，适于小儿伤寒初起一二日，头痛身热，怕冷无汗者；若外感风寒，表实而见恶寒甚，四肢拘急，无汗者，可与麻黄、葛根、葱白等配伍，如葱豉汤；若妊娠伤寒，恶寒发热，头痛鼻塞，无汗脉浮者，多与香附、陈皮、紫苏等同用，如香苏葱豉汤。若用于风热感冒，常与金银花、连翘、薄荷等配伍，如银翘散；若风热感冒而见咳嗽者，常配桔梗、连翘、杏仁、苏梗等，如豉桔汤[①]。

2.宣郁除烦

淡豆豉既能透散外邪，又能宣散肺胃之郁热，有宣郁除烦之功效。《洁古珍珠囊》谓其"去心中懊恼，伤寒头痛烦躁"。张仲景《伤寒论》栀子豉汤中以之与清热除烦的栀子同用，治发热，虚烦不得眠，胸闷不舒，或心中懊恼，舌红苔黄，脉稍数，用香豉清宣郁火，则气机自然通畅；再如《备急千金要方》香豉汤，煎服一味香豉，用于妇人半产下血不尽，烦满欲死者；又如《伤寒论》栀子甘草豉汤，以之与栀子、甘草同用，治胸中烦满而兼见少气者；若心下烦热而发作无常者，可将淡豆豉与常山、甘草同用，如《肘后备急方》中的常山汤[①]。

3.和胃消食

淡豆豉辛开苦降，寒能清热，入胃经，可和胃消食。若症

---

① 高学敏，许占民，李钟文.中医药学高级丛书：中药学（上）［M］.北京：人民卫生出版社，2000.

见脘腹饱胀，嗳气酸腐，不能食，大便不调，甚至出现黄疸，胁下痞块，肚腹膨胀，脉滑而紧盛，此乃气机不利，食滞不消所致。淡豆豉可宣郁利气，使气机得通，饮食得消。《本草纲目》谓其"下气调中，治伤寒温毒发癍呕逆"。若遇暑秽夹湿，霍乱吐下，脘痞烦渴，外见恶寒肢冷者，可将淡豆豉与草果、厚朴、半夏、黄芩等配伍；若用治小儿疳积之面色萎黄，不欲饮食，腹胀如鼓，日渐羸瘦者，可将淡豆豉与巴豆（去油）同用[①]。

4. 清热止痢止痛

淡豆豉性寒能清热，辛散能宣发郁热。《药性论》载："治时疾热病发汗。熬末，能止盗汗，除烦。生捣为丸服，治寒热风，胸中生疮。煮服，治血痢腹痛。"若用于阳明温病，干呕、口苦而渴者，可与黄连、黄芩、郁金相配伍，如《温病条辨》中的黄连黄芩汤[①]。

《范汪方》中的豉薤汤用淡豆豉治伤寒暴下及滞痢腹痛。若症见大便次数增多而量少，腹痛，里急后重，下黏液及脓血样大便，此乃外受湿热疫毒之气，内伤饮食生冷，损及胃肠所致，可用淡豆豉清热止痢。

若热壅头痛不可忍者，可将淡豆豉与白僵蚕、石膏、川乌等同用；淡豆豉配蜂房、蜀椒，可用于牙齿虫蚀肿痛；淡豆豉配葱白、粳米，可用于四肢疼痛[①]。

5. 安胎

《会约医镜》谓淡豆豉"安胎孕"。本品性寒味甘，寒能清热，甘则益阴。对于素体阳盛，或七情郁结化热，或外感邪热，或阴虚生热，热扰冲任，损伤胎气，以致胎动不安，症见妊娠

---

① 高学敏.中药学：上册［M］.北京：人民卫生出版社，2000.

期下血，色鲜红，或腰腹坠胀作痛，心烦不安，手心烦热，口干咽燥，舌质红，苔黄而干，脉滑数，可用淡豆豉滋阴清热，凉血安胎。

6. 解毒

淡豆豉味甘，甘能解毒。《名医别录》："主瘴气恶毒。"《日华子本草》："治中毒药，疟疾，骨蒸，并治犬咬。"《本经逢原》："以水浸绞汁，治误食鸟兽肝中毒。"《药性论》用本品治"上疮痛烂"。《圣济总录》中橘姜丸以淡豆豉配陈皮、生姜内服，治食鱼中毒；鲫鱼涂敷方以淡豆豉与生鲫鱼合捣为细末，涂敷疮上，治疗疮癣浸淫[①]。姚和众选用本品治"小儿丹毒破作疮，黄水出"。综上所述，本品有解毒之功，可用治山岚瘴气恶毒、食物中毒、丹毒及上疮痛烂等。

三、药性比较

前文中提到淡豆豉可生用，即"生淡豆豉"；亦可炒用，即"炒豆豉"。生淡豆豉主要用于解表，治疗感冒，若与辛温解表药同用，可治疗风寒感冒，具有发汗解表之用；若与辛凉解表药配伍，可治疗风温初起，而奏发散风热之效。炒豆豉主要用于热病虚烦。

第六节　淡豆豉的用法用量与禁忌

一、用法用量

淡豆豉常用剂量是 6 ～ 12g。可内服，煎汤，或入丸剂、散

---

① 高学敏. 中药学：上册［M］. 北京：人民卫生出版社，2000.

剂；也可适量外用，捣敷，或炒焦研末调敷。

二、用药禁忌

《本草经疏》曰："凡伤寒传入阴经与夫直中三阴者，皆不宜用。"无热者不用。寒邪入里、表虚自汗者禁用，重症感冒者不宜使用，热结烦闷、表虚汗多者慎用[1]。能退乳，因此哺乳期妇女不宜服用。胃气虚弱及易产生恶心感觉者，都需慎用[2]。

---

[1] 丁甘仁.孟河大家丁甘仁方药论著选［M］.北京：中国中医药出版社，2016.
[2] 张显臣.名老中医张显臣60年中药应用经验［M］.太原：山西科学技术出版社，2014.

淡豆豉的本草记载

本章所整理的本草论著地位不一、篇幅长短不一，将涉及淡豆豉的相关内容纳入考证，重在承前启后、全面完整。本章按历史朝代顺序对本草著作中淡豆豉的记载进行了整理与归纳，从中可以看出淡豆豉的发展源流、名称演变、传统应用、炮制方法、性味归经以及功效作用。整理本草记载，虽是管中窥豹，但亦思以小见大，便于读者了解淡豆豉的古今概况。

一、《名医别录》

【性味】

豉，味苦，寒，无毒。

【功效】

主伤寒头痛寒热，瘴气恶毒，烦躁满闷，虚劳喘吸，两脚疼冷。又杀六畜胎子诸毒。

二、《吴普本草》

【功效】

益人气。（引《北堂书钞》卷一四六）

三、《本草经集注》

【制法】

豉，食中之常用。春夏天气不和，蒸炒以酒渍服之，至佳。暑热烦闷，冷水渍饮二三升。依康伯法，先以酢酒溲蒸，曝燥，麻油和，又蒸曝之，凡三过，乃末椒、干姜屑合和以进食，胜今作油豉也。

【临床应用】

患脚人恒将其酒浸以淬敷脚，皆瘥。

【附】

好者出襄阳、钱塘，香美而浓，取中心弥善也。

四、《备急千金要方》

【临床应用】

治伤寒留饮，宿食不消，豉豉丸方：豆豉一升，巴豆三百枚，今用二百枚，杏仁六十枚，黄芩、黄连、大黄、麻黄各四两，芒硝、甘遂各三两。上九味，末之，以蜜和丸如大豆，服二丸。不得下者，增之。

五、《千金翼方》

【临床应用】

主散发，头欲裂，眼疼欲出，恶寒，骨肉痛，状如伤寒，鼻中清涕出方：以香豉五升，熬令烟出，以酒一斗投之，滤取汁，任性饮多少，欲令小醉便解，更饮之，取解为度。亦主时行寒食散发，或口噤不可开，肠满胀急欲决，此久坐温衣生食所为。皇甫云：口不开去齿，下此酒五合，热饮之，须臾开。

能者多饮，至醉益佳，不能者任性，腹胀满不通，导之令下。

六、《药性论》

【性味】

味苦、甘。

【临床应用】

1.主下血痢如刺者，豉一升，水渍才令相淹，煎一二沸，绞取汁，顿服。不瘥，可再服。

2.伤寒暴痢腹痛者，豉一升，薤白一握，切，以水三升，先煮薤，内豉更煮，汤色黑，去豉，分为二服。不瘥，再服。

3.熬末，能止汗，主除烦躁。治时疾热病，发汗。

4.治阴茎上疮痛烂，豉一分，蚯蚓湿泥二分，水研和涂上，干易。禁热食酒菜蒜。又寒热风，胸中疮生者，可捣为丸服，良。

七、《食疗本草》

【制法】

陕府豉汁，甚胜于常豉。以大豆为黄蒸，每一斗加盐四升，椒四两，春三日、夏二日、冬五日即成。半熟，加生姜五两，既洁且精，胜埋于马粪中。黄蒸，以好豉心代之。

【临床应用】

豉，能治久盗汗患者。以一升微炒令香，清酒三升渍，满三日取汁，冷暖任人服之。不瘥，更作三两剂即止。

八、《本草拾遗》

【性味】

蒲州豉，味咸，无毒。

【功效】

主解烦热，热毒寒热，虚劳，调中发汗，通关节，杀腥气，伤寒鼻塞。

【附】

作法与诸豉不同，其味烈。陕州又有豉汁，经年不败，大除烦热，入药并不如今之豉心，为其无盐故也。

九、《本草图经》

【临床应用】

手脚不遂，腰脚无力者，驴皮胶炙令微起，先煮葱豉粥一升，别贮，又以水一升，煮香豉二合，去滓，内胶，更煮六七沸，胶烊如饧，顿服之。及暖，吃前葱豉粥，任意多少；如冷吃，令人呕逆。顿服三四剂即止。

十、《证类本草》

【性味】

味苦，寒，无毒。

【功效】

唐本云：煮食之，主温毒，水肿。复有白大豆，不入药用也。（生大豆条）

【医论】

生大豆乃世呼黑豆是也。唯作酱作豉，炒熟用及生用。虽一物而成，以生熟之性颇异，各随其所宜而用之。唯生者性凉，解诸毒，除热颇验。当作味甘，平，无毒是矣。处处产之。（《绍兴校订经史证类备急本草》大豆条）

十一、《本草衍义》

【临床应用】

仲景治发汗吐下后，虚烦不得眠，若剧者，必反复颠倒，心中懊恼，栀子豉汤治之。

十二、《珍珠囊补遗药性赋》

【性味】

味苦，寒，无毒。

【功效】

淡豆豉发伤寒之表。

治头痛，发汗，止痢，解热。以酒浸捣烂，患脚敷之良。

十三、《汤液本草》

【性味】

香豉，气寒，味苦，阴也。无毒。

【临床应用】

《象》云：治伤寒头痛，烦躁满闷。生用。

《珍》云：去心中懊恼。

《本草》云：主伤寒头痛，寒热。伤寒初觉头痛内热，脉洪，起一二日，便作此加减葱豉汤：葱白一虎口，豉一升，绵裹。以水三升，煎取一升，顿服取汗。若不汗，加葛根三两，水五升，煮二升，分二服。又不汗，加麻黄三两，去节。

十四、《活幼心书》

【临床应用】

乌豉膏：治六七岁以上小儿，疟腮肿毒，牙关紧硬，饮食不便。绵川乌（水浸润，炮裂，去皮脐）半两，玄明粉二钱，淡豆豉三钱（重水浸润，饭上蒸透）。上以川乌为末，同蒸豆豉、玄明粉，在乳钵烂杵为膏，丸芡实大。每用一丸，儿大者，安在牙关内，今其自化，和痰吐出；又再如前法含化，肿毒自消。儿小者，用薄荷蜜汤化开，以指头抹入牙关内，咽下亦不妨。

十五、《饮膳正要》

【性味】

味苦，寒，无毒。

【功效】

主伤寒头痛，烦躁满闷。

十六、《增广和剂局方药性总论》

【性味】

味苦，寒，无毒。

【功效】

主伤寒头痛寒热，瘴气恶毒，烦躁满闷，虚劳喘吸，两脚疼冷。

十七、《本草品汇精要》

【性味】

豉，性寒、泄，气薄味厚，阴也。

【功效】

去心懊侬。

十八、《古今医统大全》

【制法】

1. 江西淡豆豉法：六月六日用黑豆水浸一宿，蒸熟摊席上，以簸匾盖之。三日一看，黄衣遍，晒干，簸去其黄衣，再用水拌得所，入瓶内筑实，桑叶塞口，泥封口。日中晒七日，开曝一时，又以水拌入瓶内，如此七次，再蒸，映去火气，仍入瓶筑实，泥封则成矣。桑白皮二寸半，土瓜根三寸，大枣七枚，同研为细膏，早起化汤，洗面及手，大去皱纹。又法：以黑豆煮烂捞起，铺楼板上三寸厚，干草密盖二七，盦干，尽起黄衣，揭去草，取豆饼，干七日，然后用。六月六日五更时，用河水洗去黄衣，乘湿入木桶内盦之，盦五日，取出晒极干，再以净器贮之任用。

2. 造淡豆豉法：大黑豆不拘多少，甑蒸香熟为度，取出摊置笊篮中，乘温热放在无风处，四围上下用黄荆叶或青穰紧护之，数日取开，豆上生黄衣已遍，取出晒一日。次日温水洗过，或用紫苏叶切碎和之，烈日曝十分干，瓷器收贮密封。

十九、《本草纲目》

大豆豉（《别录》中品）

【概述】

按刘熙《释名》云：豉，嗜也。调和五味，可甘嗜也。许慎《说文》谓豉为配盐幽菽者，乃咸豉也。

【医论】

弘景曰：豉出襄阳、钱塘者香美而浓，入药取中心者佳。

藏器曰：蒲州豉味咸，作法与诸豉不同，其味烈。陕州有豉汁，经年不败，入药并不如今之豉心，为其无盐故也。

诜曰：陕府豉汁，甚胜常豉。其法以大豆为黄蒸，每一斗，加盐四升，椒四两，春三日、夏二日、冬五日即成。半熟加生姜五两，既洁净且精也。

时珍曰：豉，诸大豆皆可为之，以黑豆者入药。有淡豉、咸豉，治病多用淡豉汁及咸者，当随方法。其豉心乃合豉时取其中心者，非剥皮取心也。此说见《外台秘要》。

【制法】

造淡豉法：用黑大豆二三斗，六月内淘净，水浸一宿沥干，蒸熟取出摊席上，候微温蒿覆。每三日一看，候黄衣上遍，不可太过。取晒簸净，以水拌干湿得所，以汁出指间为准。安瓮中，筑实，桑叶盖厚三寸，密封泥，于日中晒七日，取出，曝一时，又以水拌入瓮。如此七次，再蒸过，摊去火气，瓮收筑封即成矣。

造咸豉法：用大豆一斗，水浸三日，淘蒸摊罯，候上黄取出簸净，水淘晒干。每四斤，入盐一斤，姜丝半斤，椒、橘、苏、茴、杏仁拌匀，入瓮。上面水浸过一寸，以叶盖封口，晒一月乃成也。

造豉汁法：十月至正月，用好豉三斗，清麻油熬令烟断，以一升拌豉蒸过，摊冷晒干，拌再蒸，凡三遍。以白盐一斗捣和，以汤淋汁三四斗，入净釜。下椒、姜、葱、橘丝同煎，三分减一，贮于不津器中，香美绝胜也。有麸豉、瓜豉、酱豉诸品皆可为之，但充食品，不入药用也。

【临床应用】

伤寒发汗：[颂曰]葛洪《肘后方》云：伤寒有数种，庸人卒不能分别者，今取一药兼疗之。凡初觉头痛身热，脉洪，一二日，便以葱豉汤治之。用葱白一虎口，豉一升，绵裹，水三升，煮一升，顿服。不汗更作，加葛根三两；再不汗，加麻黄三两。《肘后》又法：用葱汤煮米粥，入盐豉食之，取汗。又法：用豉一升，小男溺三升，煎一升，分服取汗。

伤寒不解：伤寒汗出不解，已三四日，胸中闷恶者，用豉一升，盐一合，水四升，煮一升半，分服取吐，此秘法也。（《梅师方》）

辟除温疫：豉和白术浸酒，常服之。（《梅师方》）

伤寒懊恼：吐下后心中懊恼，大下后身热不去，心中痛者，并用栀子豉汤吐之。肥栀子十四枚，水二盏，煮一盏，入豉半两，同煮至七分，去滓服。得吐，止后服。（《伤寒论》）

伤寒余毒：伤寒后毒气攻手足，及身体虚肿，用豉五合微炒，以酒一升半，同煎五七沸，任性饮之。（《简要济众方》）

伤寒目翳：烧豉二七枚，研末吹之。（《肘后》）

伤寒暴痢：[《药性论》曰]以豉一升，薤白一握，水三升，煮薤熟，纳豉更煮，色黑去豉，分为二服。

血痢不止：用豉、大蒜等分，杵丸梧子大。每服三十丸，盐汤下。（王氏《博济》）

血痢如刺：[《药性论》曰]以豉一升，水渍相淹，煎两沸，绞汁顿服。不瘥再作。

赤白重下：葛氏用豆豉熬小焦，捣服一合，日三。或炒焦，以水浸汁服，亦验。《外台》用豉心（炒为末）一升，分四服，酒下，入口即断也。

脏毒下血：乌犀散用淡豉十文，大蒜二枚（煨），同捣丸梧子大。煎香菜汤服二十丸，日二服，安乃止，永绝根本，无所忌。庐州彭大祥云：此药甚妙，但大蒜九蒸乃佳，仍以冷齑水送下。

小便血条：淡豆豉一撮，煎汤空腹饮，或入酒服。（危氏《得效方》）

疟疾寒热：煮豉汤饮数升，得大吐即愈。（《肘后方》）

小儿寒热：恶气中人，以湿豉研丸鸡子大，以摩腮上及手足心六七遍，又摩心、脐上，旋旋咒之了，破豉丸看有细毛，弃道中，即便瘥也。（《食医心镜》）

盗汗不止：［诜曰］以豉一升微炒香，清酒三升渍三日，取汁冷暖任服。不瘥更作，三两剂即止。

齁喘痰积：凡天雨便发，坐卧不得，饮食不进，乃肺窍久积冷痰，遇阴气触动则发也。用此一服即愈，服至七八次，即出恶痰数升，药性亦随而出，即断根矣。用江西淡豆豉一两，蒸捣如泥，入砒霜末一钱，枯白矾三钱，丸绿豆大。每用冷茶、冷水送下七丸，甚者九丸，小儿五丸，即高枕仰卧。忌食热物等。（《皆效方》）

风毒膝挛骨节痛：用豉三五升，九蒸九暴，以酒一斗浸经宿，空心随性温饮。（《食医心镜》）

手足不随：豉三升，水九升，煮三升，分三服。又法：豉一升微熬，囊贮渍三升酒中三宿。温服，常令微醉为佳。（《肘后方》）

头风疼痛：豉汤洗头，避风取瘥。（孙真人方）

卒不得语：煮豉汁，加入美酒服之。（《肘后》）

喉痹不语：煮豉汁一升服，覆取汗；仍着桂末于舌下，渐咽之。（《千金》）

咽生息肉：盐豉和捣涂之。先刺破出血乃用，神效。(《圣济总录》)

口舌生疮：胸膈疼痛者，用焦豉末，含一宿即瘥。(《圣惠方》)

舌上血出如针孔者：豉三升，水三升，煮沸。服一升，日三服。(葛氏方)

堕胎血下烦满：用豉一升，水三升，煮三沸，调鹿角末服方寸匕。(《子母秘录方》)

妊娠动胎：豉汁服妙。(华佗方也。同上)

妇人难产：乃儿枕破与败血裹其子也。以胜金散逐其败血，即顺矣。用盐豉一两，以旧青布裹了，烧赤乳细，入麝香一钱，为末。取秤锤烧红淬酒，调服一大盏。(郭稽中方)

小儿胎毒：淡豉煎浓汁，与三五口，其毒自下。又能助脾气，消乳食。(《圣惠方》)

小儿呃乳：用咸豉七个(去皮)，腻粉一钱，同研，丸黍米大。每服三五丸，藿香汤下。(《全幼心鉴》)

小儿丹毒作疮出水：豉炒烟尽，为末，油调傅之。(姚和众方)

小儿头疮：以黄泥裹煨熟，取研，以纯菜油调傅之。(《胜金》)

发背痈肿已溃、未溃：用香豉三升，入少水捣成泥，照肿处大小作饼，厚三分。疮有孔，勿覆孔上。铺豉饼，以艾列于上灸之。但使温温，勿令破肉。如热痛，即急易之，患当减。快得安稳，一日二次灸之。如先有孔，以汁出为妙。(《千金方》)

一切恶疮：熬豉为末傅之，不过三四次。(杨氏《产乳》)

阴茎生疮痛烂者：以豉一分，蚯蚓湿泥二分，水研和涂上，干即易之。禁热食、酒、蒜、芥菜。(《药性论》)

蠼螋尿疮：杵豉傅之良。(《千金方》)

虫刺螫人：豉心嚼敷，少顷见豉中有毛即瘥。不见再傅，昼夜勿绝，见毛为度。(《外台》)

蹉跌破伤筋骨：用豉三升，水三升，渍浓汁饮之，止心闷。(《千金》)

殴伤瘀聚腹中闷满：豉一升，水三升，煮三沸，分服。不瘥再作。(《千金》)

解蜀椒毒：豉汁饮之。(《千金方》)

中牛马毒：豉汁和人乳频服之，效。(《卫生易简》)

小蛤蟆毒：小蛤蟆有毒，食之令人小便秘涩，脐下闷痛，有至死者。以生豉一合，投新汲水半碗，浸浓汁，顿饮之，即愈。(《茆亭客话》)

中酒成病：豉、葱白各半升，水二升，煮一升，顿服。(《千金方》)

服药过剂闷乱者：豉汁饮之。(《千金》)

杂物眯目不出：用豉三七枚，浸水洗目，视之即出。(《总录》方)

刺在肉中：嚼豉涂之。(《千金方》)

小儿病淋：方见蒸饼发明下。

肿从脚起：豉汁饮之，以滓傅之。(《肘后方》)

1. 淡豉

【气味】

苦，寒，无毒。思邈曰：苦、甘，寒，涩。得醯良。杲曰：阴中之阴也。

【主治】

伤寒头痛寒热，瘴气恶毒，烦躁满闷，虚劳喘吸，两脚疼

冷。杀六畜胎子诸毒。(《别录》)

治时疾热病发汗。熬末，能止盗汗，除烦躁。生捣为丸服，治寒热风，胸中生疮。煮服，治血痢腹痛。研涂阴茎生疮。(《药性》)

治疟疾骨蒸，中毒药蛊气，犬咬。(《大明》)

下气调中，治伤寒温毒发癍呕逆。(时珍)

《千金》治温毒黑膏用之。

2. 蒲州豉

【气味】

咸，寒，无毒。

【主治】

解烦热热毒，寒热虚劳，调中发汗，通关节，杀腥气，伤寒鼻塞。陕州豉汁亦除烦热。(藏器)

二十、《本草原始》

【概述】

淡豆豉，系蒸熟盦晒，江右每制卖极多。以淡名者，为其无盐，故淡也。

二十一、《雷公炮制药性解》

【性味】

豆豉，味苦，性寒无毒。

【归经】

入肺经。豉之入肺，所谓"肺苦气上逆，急食苦以泄之"之意也。

【功效】

主伤寒头痛寒热，恶毒瘴气，烦躁满闷，虚劳喘吸。

二十二、《炮炙大法》

【概述】

出江西者良。

【性味】

黑豆性平，作豉则温。

【功效】

既经蒸罯，故能升、能散。

二十三、《本草汇言》

【功效】

淡豆豉，治天行时疾，疫疠瘟瘴之药也。(《药性论》)

【医论】

王氏（绍隆）曰：此药乃宣郁之上剂也。凡病一切有形无形，壅胀满闷，停结不化，不能发越致疾者，无不宜之。故统治阴阳互结，寒热迭侵，暑湿交感，食饮不运，以致伤寒寒热头痛，或汗吐下后虚烦不得眠，甚至反复颠倒，心中懊恼，一切时灾瘟瘴，疟痢斑毒，伏瘀恶气，及杂病科痰饮，寒热头痛，呕逆，胸结腹胀，逆气喘吸，蛊毒，脚气，黄疸，黄汗，一切沉滞浊气搏聚胸胃者，咸能治之。倘非（卢氏）关气化寒热时瘴，而转属形藏实热，致成痞满燥实坚者，此当却而谢之也。

二十四、《神农本草经疏》

【性味】

经云：味苦，寒，无毒。然详其用，气应微温。盖黑豆性本寒，得蒸晒之，气必温。

【功效】

非苦温则不能发汗开腠理，治伤寒头痛寒热及瘴气恶毒也。苦以涌吐，故能治烦躁满闷。以热郁胸中，非宣剂无以除之。如伤寒短气烦躁，胸中懊侬，饥不能食，虚烦不得眠者，用栀子豉汤吐之是也。又能下气调中，辟寒，故主虚寒喘吸，及两脚疼冷。

【制法】

诸豆皆可为之，惟黑豆者入药。有盐、淡二种，惟江右淡者治病。

二十五、《食物本草》

【性味】

豆豉，味苦，寒，无毒。

【功效】

主伤寒头痛，瘴气恶毒，躁闷，虚劳喘吸，疟疾，骨蒸，去心中懊侬，发汗，杀六畜毒及中毒药蛊气。

二十六、《景岳全书》

【临床应用】

三黄石膏汤：治疫疠大热而躁。石膏（生）三钱，黄芩、黄柏、黄连各二钱，豆豉半合，麻黄八分，栀子五枚（打碎）。水二盏，煎一盏。连进三四盏则愈。

二十七、《本草乘雅半偈》

【性味】

气味苦寒，无毒。

【功效】

主寒热，伤寒头痛，瘴气恶毒，烦躁满闷，虚劳喘吸，两脚疼冷。杀六畜胎子诸毒。

【制法】

诸大豆皆可造豉，以黑大豆者入药。有咸豉、淡豉两种，入药只宜淡豉。

六月内，用黑大豆二三斗，水淘净，浸一宿，沥干蒸熟，取出摊席上，俟微温，即以蒿覆之。每三日一看，候黄衣上遍，即取曝干。筛簸极净，再以水拌，干湿得所，以汁出指间为准。即置瓮中，筑极实，干桑叶覆盖，厚三寸许，泥封瓮口，勿令泄气，晒七日，取出曝一时，又以水拌入瓮。凡七次，取出蒸过，摊去气，瓮收之，封筑日久，则豉成矣。

【附】

其质轻扬而臭香美，其味浓厚而性爽朗。此以润下沉重之水体，转作炎上轻扬之火用，复为肾火藏之主谷也。故秉火味之苦，水气之寒，从治冬气伤寒之寒气；转以火味之苦，佐治伤寒标阳之阳化者也。以冬气通于肾，肾主冬三月，此谓闭藏；设冬气化薄，或寒威凛冽，以致中伤天气者，如寒本专令则火灭，标阳炽盛则水消，故必从之以水，佐之以火。火炎水下，本寒自却，标阳自息矣。始于气伤化者，藉气胜之药物，从标以逆本，扬心液而为汗，后为气伤形者，仗味胜之主谷，从本以佐标，扬谷精而为汗。所谓汗生于谷，谷生于精，精胜则邪却矣。盖藏真通于肾，肾藏精血之气也。豉者肾之谷，大豆郁之以成豉，故从佐两肾水火以坚形，乃得驱冬气之寒风，从外而内者，还复自内而外。

二十八、《本草述》

【性味】

苦，寒，无毒。思邈曰：苦、甘，寒，涩，得醢良。杲曰：阴中之阴也。

【功效】

春夏伤寒，头痛寒热，时行热疾，烦躁满闷，并伤寒吐下后虚烦，疗劳复食复及余毒，止暴痢血痢，化气调中，散毒除烦。方书主治虚烦痛痹，渴证，黄疸，喘哮，耳气闭鼻，疳蚀。

《别录》曰：主虚劳喘吸，两脚疼冷。颂曰：葛洪《肘后方》云，伤寒有数种，庸人卒不能分别者，今取一药兼疗之。凡初觉头痛身热，脉洪，一二日便以葱豉汤治之，用葱白一虎口，豉一升，绵裹，水三升煮一升，顿服取汗，更加葛根三两（即加葛根，则知脾肾互为化原之义）。再不汗，加麻黄三两。弘景曰：春夏之气不和，以豉蒸炒，酒渍服之，至佳。时珍曰：淡豉调中下气最妙，黑豆性平，作豉则温，既经蒸罯，故能升能散，得葱则发汗，得盐则能吐，得酒则治风，得薤则治痢，得蒜则止血，炒熟则又能止汗，亦麻黄根节之义也。希雍曰：豉，诸豆皆可为之，惟黑者入药。有盐、淡二种，惟江右淡者治病。经云味苦寒，无毒，然详其用，气应微温。盖黑豆性本寒，得蒸晒之气必温。非苦则不能发汗开腠里，治伤寒头痛寒热及时气恶毒也。苦以涌吐，故能治烦躁满闷。以热郁胸中，非宣剂无以除之，如伤寒短气烦躁，胸中懊恢，饥不欲食，虚烦不得眠者，用栀子豉汤吐之是也。余所主治，皆化气调中之功为多。

【制法】

造淡豉法：用黑大豆二三斗，六月内淘净，水浸一宿，沥干蒸熟，取出摊席上，候微温，蒿覆，每三日下看，候黄衣上遍，不可太过，取晒簸净，以水拌干湿得所，以汁出指间为准，安瓮中筑实，桑叶盖，厚三寸，密封泥，于日中晒七日，取出曝一时，又以水拌入瓮，如此七次，再蒸过，摊去火气，瓮收筑封，即成矣。

二十九、《本草备要》

【性味】

苦泄肺，寒胜热。陈藏器曰：豆性生平，炒熟热，煮食寒，作豉冷。

【功效】

发汗解肌，调中下气。治伤寒头痛，烦躁满闷，懊恼不眠，发斑呕逆（凡伤寒呕逆烦闷，宜引吐，不宜用下药以逆之。淡豉合栀子，名栀子豉汤，能吐虚烦），血痢温疟。

三十、《本草经解》

【性味】

豆豉，气寒，味苦，无毒。

【功效】

主伤寒头痛寒热，瘴气恶毒，烦躁满闷，虚劳喘吸，两脚疼冷。豆豉气寒，禀天冬寒之水气，入足太阳寒水膀胱经、手太阳寒水小肠经；味苦无毒，得地南方之火味，入手少阴心经、手少阳相火三焦经。气味俱降，阴也。伤寒有五，风寒湿热温。

当其初伤太阳也，太阳经行于头，而本寒标热，故必头痛寒热，豆豉气寒能清，味苦能泄，所以主之也。瘴气恶毒，致烦躁满闷，热毒郁于胸中，非宣剂无以除之，故用豆豉苦寒，所以涌之也。虚劳喘吸，火乘肺也；两脚疼冷，火上而不降也。豆豉苦寒，足以清火，清上则火自降，所以皆主之也。

三十一、《得配本草》

【性味】

苦，寒。

【功效】

调中下气，发汗解肌。治伤寒温疟，时行热病，寒热头痛，烦躁满闷，发斑呕逆，懊憹不眠，及血痢腹痛。

【临床应用】

得薤白，治痢疾。配葱白煎，发汗。

三十二、《本草求真》

【性味】

其味苦气寒。陈藏器曰：豆性生平，炒熟热，煮食寒，作豉冷。似属苦降下行之味，而无升引上行之力也。然经火蒸窨，味虽苦而气则馨，气虽寒而质则浮，能升能散。

【归经】

淡豆豉，专入心、肺。

【制法】

古制豉法：用黑大豆水浸一宿，淘净蒸熟，摊匀蒿覆，候上黄衣，取晒簸净，水拌干湿得所，安瓮中筑实，桑叶盖，厚泥封，晒七日，取出曝一时，又水拌入瓮，如此七次，再蒸，去火气，瓮收用。

【临床应用】

得葱则发汗，得盐则引吐，得酒则治风，得韭则治痢，得蒜则止血，炒熟又能止汗。是以邪在上而见烦躁，头痛满闷，懊憹不眠，发斑呕逆者，合于栀子，则能引邪上吐，不致陷入而成内结之症也。

三十三、《要药分剂》

【性味】

豉，味苦，性寒，无毒。能升能降，阴中阴也。

【归经】

入肺经，入胃经。

【功效】

《别录》曰：主伤寒头痛寒热，瘴气恶毒，烦躁满闷，虚劳喘吸，两脚疼冷。

《大明》曰：疟疾，骨蒸，犬咬，中毒药蛊气。

《汤液》曰：去心中懊憹不眠，宜生用之。

孟诜曰：治时疾热病发汗，炒为末，能止盗汗，除烦。

时珍曰：伤寒温毒发斑，呕逆。

【医论】

《博物志》曰：豉得葱则发汗，得盐则能吐，得酒则治风，得薤则治痢，得蒜则止血，炒熟则止汗，亦麻黄根节之义也。

士材曰：豉之入肺，所谓"肺苦气上逆，急食苦以泄之"之义也。伤寒瘴气，肺先受之，喘吸烦闷，亦肺气有余耳，何弗治耶？

【禁忌】

《经疏》曰：伤寒传入阴经，与直中三阴者，皆不宜用。热结胸中，烦闷不安，此欲成结胸，法当下，不宜再汗，均忌。

三十四、《本经疏证》

【性味】

味苦，寒，无毒。

【功效】

主伤寒头痛寒热，瘴气恶毒，烦躁满闷，虚劳喘吸，两脚疼冷。杀六畜胎子诸毒。

【制法】

造淡豉法：以黑大豆，六月内淘净，水浸一宿，沥干蒸熟，取出摊席上，候微温，蒿覆，每三日一看，候黄衣上遍，不可太过，取晒，簸净，以水拌干湿得所，以汁出指间为准，置瓮中筑实，桑叶盖，厚三寸，密封泥，于日中晒七日，取出曝一时，又以水拌入瓮，如此七次，再蒸过，摊去火气，瓮收筑封即成矣。(《纲目》)

【医论】

张隐庵

张隐庵曰：豆为肾谷，色黑性沉，曋熟而成轻浮，主启阴藏之精上资是矣。故其治烦躁满闷也，非特由于伤寒头痛寒热者可用，即由于瘴气恶毒者，亦可用也。盖烦者阳盛，躁者阴逆，阳盛而不得下交，阴逆而不能上济，是以神不安于内，形不安于外。

张仲景

最是仲景形容之妙，曰：反复颠倒，心中懊恼。惟其反复颠倒，心中懊侬，正可以见上以热盛，不受阴之滋，下因阴逆，不受阳之降。治之不以他药，止以豆豉、栀子成汤，以栀子能泄热下行，即可知豆豉能散阴上逆矣。《生气通天论》曰：阳气者，静则神藏，躁则消亡。故阳与阴和，则相合相媾而不相离，不和则相击相拒而不相入，阴之所在，即阳之所在也。虚劳喘于吸，不喘于呼，此阴之拒阳；两脚俱疼而冷，此阴不含阳。散其阴之郁遏，使阳得达乎其中，此豆豉之秉土德，宣水化，而轻扬导达之功为不浅矣。

曰：仲景用豆豉，多于汗吐下后，何也？曰：豆豉之功，在除烦躁满闷。烦躁满闷，非汗吐下后不多见也。虽然，汗吐下后，兼烦躁兼满闷者不少矣，于何定其为栀豉汤证？夫汗后有亡阳证，则烦躁而不满闷；有内热证，有内实证，则烦而不躁；下后有结胸证，有痞证，则满闷而不烦躁；吐后有烦满而无躁。盖烦躁则非实，满闷则非虚，惟其虚实之间，斯为发越泄降所宜用，于此犹不可定豆豉为开发上焦郁抑，宣导阴浊逗留耶？

葛稚川

然则葛稚川取葱豉汤治伤寒初起，非欤？夫稚川固言之矣，曰：凡初觉头痛，身热脉洪，一二日，便以葱豉汤治之。则其为热邪，非寒邪，在阳明，不在太阳明甚。何则？寒邪应恶风恶寒，此但言身热；寒邪当脉数脉紧，此则言脉洪。

【附】

证之以仲景所谓"伤寒三日，阳明脉大"者，讵非若合符节？且栀子与葱白，一系泄热，一系通阳，泄热者纵，通阳者衡，纵则能通上下之道，此所以宜于汗吐下后，表邪已减之时，衡则能达外内之情，此所以宜于病初起，卒难辨识之际，是在先在后，关栀子、葱白，不关豆豉，又可明矣。曰：栀子煎汤证，亦未见必有满闷也。此则论中所载多矣。曰胸中窒，曰心中结痛，非满闷之谓耶？特"按之心下濡"句，切宜著眼，究恐烦满为实热证也。

若论烦躁，则在阴者多，在阳者少。如少阴有吐利、躁烦、四逆者，有自利、躁烦、不得卧者，有吐利、手足逆冷、烦躁欲死者，厥阴有热少厥微、指头寒、默默不欲食、烦躁者，有脉微、手足厥冷、烦躁者，皆以有脉微四逆，而无满闷，知其非阳经证，不得治以豆豉矣。然阳经之烦躁，阴经之烦躁，其因究有别也。应如何而审之？夫烦未有非阳盛者，躁无有非阴逆者，特阳经之烦躁是阴阳相搏，阴经之烦躁是阴阳相逐。相搏者，其力足相敌，而两不相下，相逐则阳既败北，阴复追之也。是故阳经之烦躁，虽轻扬之豆豉，散其阴逆有余；阴经之烦躁，即沉重之姜、附，辅其阳弱不足也。

虽然，豆豉味苦气寒，本属阴，以之治阴逆，则寒因热用，热因寒用，非欤？夫气寒气凉，治以寒凉，行水渍之，此《五常政大论》文也。注家谓热汤浸渍，则寒凉之物能治寒凉，试检《伤寒论》诸用豆豉汤，皆不以生水煮，甚者枳实栀子豉汤，先空煮清浆水，更入枳实、栀子，再下豉，仅须五六沸，即已成汤。如《金匮要略》栀子大黄汤，以治阳而非治阴，遂入药不分先后，是其秉经训何如严耶！又如瓜蒂散证，在太阳曰胸有寒，在少阴曰手足寒，脉弦迟，在厥阴曰手足厥冷，脉紧，更明明为寒，非如诸栀子豉汤证之并未言寒也。而瓜蒂苦寒，豆豉又苦寒，亦以热汤下豉煮汁，和瓜蒂、赤小豆末服，正与以寒治寒之旨相符，其证为邪与痰饮因阴阳相搏而结于胸中，断可识矣。于此见阴翳之所在，即阳气之所阻，驱散其阴翳，阳气自伸，此豆豉之功。阳气既伸，其实者随即引而越之，使不经无病之所，虚者随即抑而下之，使不伤未败之气，此瓜蒂与栀子之力夫。故曰胸中实，曰虚烦而用豆豉，可并行不背也。

说者谓仲景之六经是区分地面，所该者广，虽以脉为经纪，凡风寒湿热，内伤外感，自表及里，寒热虚实，无乎不包。《素问·皮部论》曰：皮有分部，脉有经纪，其生病各异，别其部分，左右上下，阴阳所在，诸经始终。此其立说之源也（柯韵伯《六经正义》）。观于《广济》疗骨蒸肺气，每至日晚即恶寒壮热，颜色微赤，不能下食，日渐羸瘦，方用豆豉、葱白、生地黄、甘草、童子小便；张文仲疗虚损，憔悴不食，四体劳强，时翕翕热，无气力，作骨蒸，方用豆豉、栀子、杏仁、童子小便，服后四体益热，即服豆豉、葱白、生姜、生地黄、童子小便，仍不离阳明葱豉法（《外台》十三卷）；《删繁》疗胆腑实热，精神不守，泻热栀子煎，方用豆豉、栀子、甘竹茹、大青、橘皮、赤蜜；《千金》疗心实热，或欲吐不出，闷，喘急头痛，泻心汤，方用豆豉、栀子、小麦、石膏、地骨皮、茯苓、淡竹叶，仍不离太阳阳明栀豉法。信然以是类推，则《删繁》之以理中茯苓汤治脉实热极，血气伤心，使心好生赫怒，口为变赤，言语不快，消热，止血气，调脉，以鳖甲汤治劳热，四肢肿急，少腹满痛，颜色黑黄，关格不通者，并用豆豉；甚者《千金》以豆豉、地黄二味捣散酒服，治虚劳冷，骨节痛无力；崔氏枸杞酒，取豆豉，以枸杞汤淋秋麻子粉煮汁，取半浸曲，取半浸米，和地黄蒸饭，酿成酒，治五内邪气，消渴风湿，下胸胁间气，头痛，坚筋骨，强阴，利大小肠，填骨髓，长肌肉，破除结气，五劳七伤，去胃中宿食，利耳目，鼻衄吐血，内湿风痹，补中逐水，破积瘀、脓、恶血、石淋，长发，伤寒瘴气，烦躁满闷，虚劳喘吸，逐热破血，及脚气肿痹，亦悟《别录》虚劳喘吸、两脚疼冷之旨矣。盖上者阳之所治，下者阴之所治。阴霾于上，则阳与阴搏为烦躁；阴霾于下，则阴胜阳伏为疼冷。豉之为用，在上则取蒸盦已后之轻扬，在下则取其本体之色黑性沉，能于极下拔出阴霾，变沉伏为轻扬，其实一理也。

三十五、《本草述钩元》

【性味】

味苦甘而涩，气微温（非苦温不能发汗开腠理。治伤寒头痛寒热及时气恶毒也。仲淳）。

【制法】

诸豆皆可为之，惟黑者入药。有盐、淡二种，惟江右淡者治病。

造淡豉法：六月内，用黑大豆二三斗，淘净，水浸一夜，沥干蒸熟，取出摊席上，候微温，蒿覆，每三日下看，候黄衣上遍（不可太过），取晒簸净，以水拌干湿得所（汁出指间为准），安瓮中，筑实，桑叶盖，厚三寸，密封泥，于日中曝七日，取出曝一时，又以水拌入瓮，如此七次，再蒸过，摊去火气，瓮收筑封，即成矣。

【临床应用】

得醯良。得葱则发汗，炒熟则又能止汗，得盐则涌吐，得酒则治风，得薤则治痢，得蒜则止血。化气调中，散毒除烦，主春夏头痛寒热，实行热疾，烦躁满闷，并伤寒吐下后虚烦，劳复食复及余毒，止暴痢血痢。方书治喘哮渴证，黄疸痛痹，耳气闭，鼻疳蚀。主虚劳喘吸，两脚疼冷（《别录》）。

物经蒸署，故能升能散（濒湖）。调中下气最妙（又）。伤寒有数种，猝不能别者，取一药兼疗之。凡初觉头疼，身热脉洪，一二日，便以葱豉汤治之，用葱白一虎口，豉一升，绵裹，水三升，煮一升，顿服，取汗，更加葛根三两（如此则知脾肾互为化原之义）。再不汗，加麻黄三两（《肘后方》）。

春夏之气不和，以豉蒸炒，酒渍服之，至佳（贞白）。热郁胸中，非宣剂无以除之，如伤寒短气烦躁，胸中懊恼，饥不欲食，虚烦不得眠者，用栀子豉汤吐之。脏毒下血，用淡豉十文，大蒜二枚煨，同捣丸梧子大，煎香菜汤服二十丸，日二服，安乃止，此药甚妙。但大蒜九蒸乃佳，以冷齑水送，能愈久疾。血痢不止，亦用豉、蒜等分，杵丸。每服三十丸，盐汤下。齁喘痰积，天雨便发，坐卧不得，饮食不进，乃肺窍久积冷痰，遇阴气触动则发，用淡豆豉一两，蒸捣如泥，入砒末一钱，枯矾一钱，丸绿豆大，每用冷茶水送下七丸，甚者九丸，小儿五丸，高枕仰卧，一服即愈。服至七八次，即出恶痰数升，药性亦随而出，病根永断矣。服后忌食热物。

寒郁喉痹不语，煮豉汁一升服，覆取汗，仍着桂木于舌下咽之。风毒膝挛骨节痛，用豉三五升，九蒸晒，以酒一斗浸经宿，空心随性温饮。妇人难产，乃儿枕破，与败血裹其子也，以胜金散逐其败血，即顺。用盐豉一两，旧青布裹了烧赤，研细，入麝香一钱，为末，取秤锤烧红淬酒，调服一大盏。小儿胎毒，淡豆豉煎浓汁，与三五口，其毒自下，又能助脾气，消乳食。

三十六、《本草思辨录》

【性味】

淡豉，《别录》：苦寒。李氏谓：黑豆性平，作豉则温，既经蒸罯，故能升能散。窃谓仲圣用作吐剂，亦取与栀子一温一寒，一升一降，当以性温而升为是。

【医论】

《别录》主烦躁，而仲圣止以治烦不以治躁。若烦而兼躁，有阳经有阴经。阳经则用大青龙汤、大承气汤，阴经则用四逆汤、甘草干姜汤、吴茱萸汤，皆无用淡豉者。盖阳经之烦躁，宜表宜下；阴经之烦躁，宜亟回其阳。淡豉何能胜任？《别录》以主烦躁许之，殊有可商。

烦有虚有实。虚者正虚邪入而未集，故心中懊憹；实者邪窒胸间，故心中结痛。虽云实，却与结胸证之水食互结不同，故可以吐而去之。证系有热无寒，亦于肾无与。所以用豉者，豉苦温而上涌，栀泄热而下降，乃得吐去其邪，非以平阴逆也。

张氏谓淡豉主启阴精上资，而邹氏遂以此为治伤寒头痛及瘰疬恶毒之据，不知其有毫厘千里之失。盖伤寒初起，与瘰疬恶毒，虽身发热，实挟有阴邪在内，故宜于葱豉辛温以表汗，或协人中黄等以解毒。何资于阴藏之精，且淡豉亦何能启阴藏之精者？试煎淡豉尝之，便欲作恶，可恍然悟矣。

淡豉温而非寒，亦不治躁，确然可信。邹氏过泥《别录》，遂致诠解各方，忽出忽入，自相径庭。黑大豆本肾谷，蒸罯为豉，则欲其自肾直上。因其肾谷可以治肾，故《千金》崔氏诸方用以理肾家虚劳。因其为豉不能遽下，故与地黄捣散与地黄蒸饭。邹氏谓于极下拔出阴翳，诚是。乃其解葱豉汤，既谓宜于病起，猝难辨识，又谓是热邪，非寒邪，不知葛稚川立方之意，以初起一二日，头痛恐寒犯太阳，脉洪又恐热发阳明，投以葱豉，则邪解而阴阳两无所妨，正因难辨而出此妙方，宜后世多奉以为法。煎成入童便者，以葱豉辛温，少加童便，则阴不伤而藏气相得。如淡豉本寒，更加以童便之寒，葱白虽辛而亦寒，外达之力，必致大减，恐无此制剂之理也。

邹氏又以《素问》气寒气凉，治以寒凉，行水渍之，注家谓热汤浸渍，则寒凉之物能治寒凉，于是引《伤寒论》用豉诸方，皆不以生水煮，为合以寒治寒之旨。《金匮》栀子大黄汤，不以治寒，则四味同煮，不分先后。噫！邹氏误矣。所云注家，殆近世不求甚解者耳。按气寒谓北方，气凉谓西方，跟上节"西北之气"句来，治以寒凉，行水渍之，跟上节"散而寒"之句来，上言其理，此明其治。王太仆注云：西北方人皮肤腠理密，人皆食热，故宜散宜寒。散谓温浴，使中外条达，行水渍之，是汤漫渍。张隐庵云：西北之气寒凉，人之阳热遏郁于内，故当治以寒凉。行水渍之者，用汤液浸渍以取汗。合二说观之，经所谓"渍"，定是浴以取汗，今西北方人惯用此法，并非以热汤渍寒药。若谓以热汤渍寒药，即可以治寒病，则药物不胜用矣。然则栀子豉汤，先煮他药，后煮淡豉，何故？盖此与泻心用麻沸汤渍之绞汁无异耳。豉本肾谷，欲其上达，故不多煮，大凡用豉以取吐取汗，法皆如是。取汗如枳实栀子豉汤，煮豉止一二沸，以有枳实抑之，故用豉至一升，而煮则一二沸无妨也。栀子大黄汤四味同煮，则以不取吐不取汗，自宜多煮，豉用一升，亦以所偶为大黄、枳实，而豉尚欲其治上也。他若《金匮》瓜蒂散，则以生水煮取吐矣。但豉用七合，不云下水若干，以生水任煮而不为之限，可见必欲竭豉之力。味厚则下趋易，或疑此与吐法不悖乎？不知吐宿食与吐寒饮不同，吐宿食自当少抑其上浮之性。虽抑之，而以苦温之淡豉，偶苦寒之瓜蒂，甘酸之赤豆，终必激而上行，且苦寒甘酸者杵为散，苦温者煮取汁，皆有一升一降，故拂其性以激发之义，安在不为吐法。邹氏于经旨方意，咸未彻悟，强为扭合，不免自误以误人矣。

三十七、《本草易读》

【性味】

甘、苦，寒，无毒。

【功效】

调中下气，除烦止呕。发伤寒之表证，除时疾之肌热。

【临床应用】

身热头痛，同葱白水煎服之。血痢不止，同大蒜丸服。

三十八、《本草从新》

【性味】

苦泄肺，寒胜热。（藏器曰：豆性生平，炒熟热，煮食寒，作豉冷。）

【功效】

宣，解表除烦。

发汗解肌，调中下气。治伤寒寒热头痛，烦躁满闷，懊侬不眠，发斑呕逆（凡伤寒呕逆烦闷，宜引吐，不宜用下药以逆之。淡豉合栀子，名栀子豉汤，能吐虚烦），血痢温疟，疫气瘴气。

【制法】

造豉法：用黑豆，六月间水浸一宿。淘净蒸熟，摊芦席上，微温，蒿覆五六日后，黄衣遍满为度，不可太过。取晒簸净，水拌干湿得所，以汁出指间为准。筑实瓮中，桑叶厚盖三寸，泥封，晒七日。取出曝一时，又水拌入瓮，如是七次，再蒸过，摊去火气，瓮收。

【临床应用】

豆经蒸罨，能升能散。得葱则发汗，得盐则能吐，得酒则治风，得薤则治痢，得蒜则止血，炒熟又能止汗。孟诜治盗汗，炒香渍酒服。《肘后》合葱白煎，名葱豉汤，用代麻黄汤，通治伤寒，发表。亦治酒病。

【禁忌】

伤寒直中三阴与传入阴经者勿用。热结胸烦闷，宜下不宜汗，亦忌之。

三十九、《本草便读》

【性味】
甘、苦，微温。

【归经】
两行肺胃。

【功效】
主治凡风寒时疫，专赖宣疏。能发汗以解肌，可吐邪而化腐。

【附】

豆豉，用黑豆蒸窨而成，虽诸家本草言性寒者多，然既经蒸窨，则味甘者变苦，其性岂有寒冷之理？入肺胃，行上焦，有宣发升散之力，故凡一切时温温疟等证，内有伏邪，表里不解者，均可用之。所谓在表者汗而发之，在上者因而越之。须知豆豉能化胸中陈腐之气，则解表宣里之力，自可知矣。

四十、《炮炙全书》

【概述】

豆豉有咸、淡二种，惟淡者治病。

【性味】

苦、涩、甘，寒。

【制法】

造淡豉法：用黑豆一斗，六月间水浸一宿，沥干，蒸熟，摊芦席上，候微温，蒿覆五六日，候黄衣遍满为度，不可太过。取晒簸净，水拌得中，筑实瓮中，桑叶盖覆，厚三寸，泥固，晒七日。又以水拌入瓮，如是七次，瓮收筑封即成矣。

四十一、《中华人民共和国药典》

本品为豆科植物大豆 *Glycine max* (L.) Merr. 的成熟种子的发酵加工品。

【制法】

取桑叶、青蒿各 70 ～ 100g，加水煎煮，滤过，煎液拌入净大豆 1000g 中，俟吸尽后，蒸透，取出，稍晾，再置容器内，用煎过的桑叶、青蒿渣覆盖，闷使发酵至黄衣上遍时，取出，除去药渣，洗净，置容器内再闷 15 ～ 20 天，至充分发酵、香气溢出时，取出，略蒸，干燥，即得。

【性状】

本品呈椭圆形，略扁，长 0.6 ～ 1cm，直径 0.5 ～ 0.7cm。表面黑色，皱缩不平。质柔软，断面棕黑色。气香，味微甘。

【鉴别】

（1）取本品 1g，研碎，加水 10mL，加热至沸，并保持微沸数分钟，滤过，取滤液 0.5mL，点于滤纸上，待干，喷以 1% 吲哚醌-醋酸（10:1）的混合溶液，干后，在 100 ～ 110℃加热约 10 分钟，显紫红色。

（2）取本品 15g，研碎，加水适量，煎煮约 1 小时，滤过，滤液蒸干，残渣加乙醇 1mL 使溶解，作为供试品溶液。另取淡豆豉对照药材 15g、青蒿对照药材 0.2g，同法分别制成对照药材溶液。照薄层色谱法（通则 0502）试验，吸取供试品溶液、淡豆豉对照药材溶液各 10 ～ 20μL，青蒿对照药材溶液 2 ～ 5μL，分别点于同一硅胶 G 薄层板上，以甲苯-甲酸乙酯-甲酸（5:4:1）为展开剂，展开，取出，晾干，置紫外光灯（365nm）下检视。供试品色谱中，分别在与对照药材色谱相应的位置上，显相同颜色的荧光斑点。

【检查】

取本品 1g，研碎，加水 10mL，在 50 ～ 60℃水浴中温浸 1 小时，滤过。取滤液 1mL，加 1% 硫酸铜溶液与 40% 氢氧化钾溶液各 4 滴，振摇，应无紫红色出现。

【性味与归经】

苦、辛，凉。归肺、胃经。

【功能与主治】

解表，除烦，宣发郁热。用于感冒，寒热头痛，烦躁胸闷，虚烦不眠。

【用法用量】

6 ～ 12g。

【贮藏】

置通风干燥处，防蛀。

四十二、《全国中草药汇编》

【别名】

豆豉、杜豆豉。

【来源】

豆科大豆属植物大豆 *Glycine max* (L.) Merr. 的成熟种子经过一定的炮制方法加工而成。

【炮制】

取桑叶、青蒿，置锅内加水煎汤，过滤，取药汤与洗净的黑豆拌匀，汤吸尽后置笼内蒸透，取出，略晾，再置容器内，上盖煎过的桑叶、青蒿渣，闷至发酵生黄衣为度，取出，晒干即得。每黑豆 100 斤，用桑叶 4 斤，青蒿 7 斤。

【性味】

辛、甘、微苦，凉。

【功能主治】

解表，除烦。用于感冒发热，头痛，虚烦，失眠。

【用法用量】

2～5 钱。

四十三、《中华本草》

【异名】

香豉（《伤寒论》）、豉（《别录》）、淡豉、大豆豉（《纲目》）。

【释名】

"豉"，古作"䜴"。《说文》："䜴，配盐幽尗也。从尗，支声。豉，俗䜴，从豆。""尗"为"豆"的古字。《释名·释饮食》："豉，嗜也。五味调和，须之而成，乃可甘嗜也。故齐人谓豉，声如嗜也。"支，古音属章纽支韵，嗜属禅纽脂韵，支脂通转，章禅旁纽，支、嗜古音相近。"豉"为形声字。或曰"豉"声旁兼表意，谓其为佐味者，乃食品之支派也。豉有淡、咸二种，淡者入药，故名淡豆豉。

【品种考证】

本品在《伤寒论》中即有记载，原名香豉。《本草经集注》云："豉，食中之常用，春夏天气不和，蒸炒以酒渍服之，至佳。"《纲目》云："豉，诸大豆皆可为之，以黑豆者入药。有淡豉、咸豉，治病多用淡豆汁及咸者，当随方法。"《纲目》还详细叙述制作方法："用黑大豆二三斗，六月内淘净，水浸一宿，沥干蒸熟，取出摊席上，候微温，蒿覆。每三日一看，候黄衣上遍，不可太过。取晒簸净，以水拌干湿得所，以汁出指间为准，安瓮中，筑实。桑叶盖，厚三寸，密封泥，于日中晒七日，取出，曝一时，又以水拌入瓮。如此七次，再蒸过。摊去火气，瓮收筑封即成。"以上记载表明，古代淡豆豉来源和制作方法与现代基本一致。

【来源】

为豆科植物大豆 *Glycine max* (L.) Merr. 的黑色的成熟种子经蒸罨发酵等加工而成。

【原植物】

大豆 *Glycine max* (L.) Merr.[Phaseolus max L.]。又名大菽（《管子》）。

一年生直立草本，高 60～180cm。茎粗壮，密生褐色长硬毛。叶柄长，密生黄色长硬毛；托叶小，披针形；三出复叶，顶生小叶菱状卵形，长 7～13cm，宽 3～6cm，先端渐尖，基部宽楔形或圆形，两面均有白色长柔毛，侧生小叶较小，斜卵形；叶轴及小叶柄密生黄色长硬毛。总状花序腋生；苞片及小苞片披针形，有毛；花萼钟状，萼齿5，披针形，下面1齿最长，均密被白色长柔毛；花冠小，白色或淡紫色，稍较萼长；旗瓣先端微凹，翼瓣具1耳，龙骨瓣镰形；雄蕊10，二体；子房线形，被毛。荚果带状长圆形，略弯，下垂，黄绿色，密生黄色长硬毛。种子2～5颗，黄绿色或黑色，卵形至近球形，长约1cm。花期6月—7月，果期8月—10月。

全国各地广泛栽培。

【制法】

将黑大豆洗净。另取桑叶、青蒿的煎液拌入豆中，候吸尽后置蒸笼内蒸透，取出稍晾，再置容器内，用煎煮过的桑叶、青蒿覆盖，在25～28℃和80%相对湿度下使其发酵，至长满黄衣时取出，除去药渣，加适量水搅拌，置容器内，保持50～60℃再闷15～20日，俟其充分发酵，至有香气溢出时，取出，略蒸，干燥。每大豆100kg，用桑叶、青蒿各10kg；或用青蒿、桑叶、苏叶各10kg，麻黄2.5kg；或用鲜辣蓼、鲜青蒿、鲜佩兰、鲜苏叶、鲜藿香、鲜薄荷及麻黄各2kg。

【药材及产销】

淡豆豉 Semen Glycines Macis Preparatum 全国大部分地区均产，主产于东北。自产自销。

【药材鉴别】

性状鉴别 本品呈椭圆形，略扁，长0.6～1cm，直径0.5～0.7cm。表面黑色，皱缩不平，无光泽，一侧有棕色的条状种脐，珠孔不明显。子叶2片，肥厚。质柔软，断面棕黑色。气香，味微甘。

以粒大、饱满、色黑者为佳。

理化鉴别 （1）取本品1g研碎，加水10mL，加热至沸，并保持微沸数分钟，滤过，取滤液 0.5mL，点于滤纸上，待干，喷以 1% 吲哚醌 - 醋酸（10∶1）的混合液，干后，在 100 ～ 110℃烘约 10 分钟，显紫红色。

（2）取本品 1g，研碎，加水 10mL，在 50 ～ 60℃水浴中温浸 1 小时，滤过。取滤液 1mL，加 1% 硫酸铜溶液与 40% 氢氧化钾溶液各 4 滴，振摇，应无紫红色出现。

【炮制】

1. 淡豆豉　取原药材，除去杂质。

2. 炒豆豉　《肘后方》："熬令黄色。"《圣惠方》："炒令烟出，微焦。"现行，取净豆豉，置锅内，用文火炒至表面微焦，有香气溢出时，取出放凉。

饮片性状：淡豆豉呈扁椭圆形，表面黑色，略皱缩，上附有黄灰色膜状物，皮松脆，偶有脱落，种仁棕黄色，质坚。气香，味微甜。炒豆豉形如淡豆豉，表面有焦斑，气微香。

贮干燥容器内，置阴凉干燥处，防蛀。

【药性与归经】

味苦、辛，性平。归肺、胃经。

1.《别录》："味苦，寒，无毒。"

2.《药性论》："味苦、甘。"

3.《千金·食治》："味涩。"

4.《绍兴本草》："平。"

5.《珍珠囊》："纯阴。"

6.《品汇精要》："味苦，性寒泄，气薄味厚，阴也。臭香。"

7.《纲目》："温。"

8.《雷公炮制药性解》："入肺经。"

9.《本草汇言》："味苦、酸。可升可降。"

10.《本草经解》:"入足太阳膀胱、手太阳小肠、手少阴心、手少阳三焦经。"

11.《药性切用》:"入肺、肾。"

12.《要药分剂》:"入肺、胃二经。"

【功能与主治】

解肌发表,宣郁除烦。主治外感表证,寒热头痛,心烦,胸闷,懊侬不眠。

1.《别录》:"主伤寒头痛寒热,瘴气恶毒,烦躁满闷,虚劳喘吸,两脚疼冷。又杀六畜胎子诸毒。"

2.《药性论》:"主下血痢如刺者,治时疾热病发汗,又寒热风,胸中疮生者。"

3.《食疗本草》:"能治久盗汗。"

4.《日华子》:"治中毒药,蛊气,疟疾,骨蒸,并治犬咬。"

5.《宝庆本草折衷》:"制砒毒。"

6.《本草元命苞》:"口舌生疮,豉末含之。"

7.《纲目》:"下气,调中。治伤寒温毒发癍,呕逆。"

8.《本经逢原》:"治误食鸟兽肝中毒。"

9.《随息居饮食谱》:"治湿热诸病。"

10.《会约医镜》:"安胎孕。"

【应用与配伍】

用于外感表证。淡豆豉能发散外邪,为外感表证所常用,单用力弱,常与其他药物配伍使用,且多用于外感初起,风寒、风热均宜。治疗风热表证,可与金银花、连翘、薄荷等清热解表之品同用,如《温病条辨》银翘散;治疗风寒表证,可与辛温解表之葱白同用,如《肘后方》葱豉汤。

用于心胸烦闷,懊侬不眠。淡豆豉性质轻浮,善于宣郁调中，凡寒热暑湿之气，郁结胸脘而不能发越者，皆可用之。如治疗热郁胸中，心胸烦闷，甚或懊侬不眠，配栀子以清热除烦，如《伤寒论》栀子豉汤；治湿热郁蒸之酒疸，心中懊侬热痛，配大黄、栀子以清热利湿，如《金匮要略》栀子大黄汤；若寒痰郁肺日久，阴雨天即发，坐卧不安者，用其宣肺散邪解毒，可与砒石制丸服用，如《本事方》紫金丹。古方有用本品与大蒜、薤白、黄连等配合应用，治疗湿郁肠胃，暴痢下血。

此外，淡豆豉单味煎服治疗损伤瘀聚，腹满胀闷。捣烂外敷还可治疗痈疮肿毒。

1.《本草经集注》："暑热烦闷，冷水渍饮二三升。患脚人恒将其酒浸以滓敷脚，皆瘥。"

2.《药性论》："得醯良。"

3.《本草元命苞》："薤白同煎，除伤寒暴痢腹疼；酒病未安，葱豉煎汤顿饮。"

4.《纲目》："得葱则发汗，得盐则能吐，得酒则治风，得薤则治痢，得蒜则止血，炒熟又能止汗。"

【用法用量】

内服：煎汤，5～15g；或入丸剂。外用：适量，捣敷；或炒焦研末调敷。

【使用注意】

胃虚易泛恶者慎服。

《本草经疏》："凡伤寒传入阴经与夫直中三阴者，皆不宜用。热结胸中，烦闷不安者，此欲成结胸，法当下，不宜复用汗吐之药，并宜忌之。"

【附方】

1.治伤寒有数种，人不能别，初觉头痛身热，脉洪，起一二日：用葱白一虎口，豉一升。以水三升，煮取一升。顿服取汗。不汗复更作，加葛根二两，升麻三两，五升水煎取二升，分再服，必得汗。若不汗，更加麻黄二两。(《肘后方》)

2.治痰饮头痛寒热，呕逆，如伤寒：淡豆豉三合，制半夏五钱，茯苓三钱，生姜十片。水煎服。(《方脉正宗》)

3.发汗吐下后，虚烦不得眠，心中懊恼：栀子十四个(擘)，香豉四合(绵裹)。上二味，以水四升，先煎栀子，得二升半，纳豉，煮取一升半，去滓。分为二服，温进一服，得吐者止后服。(《伤寒论》栀子豉汤)

4.治风热攻心，烦闷不已：豉二合，青竹茹一两，米二合。上以水三大盏，煎豉、竹茹，取汁一盏半，去滓，下米煮粥。温温食之。(《圣惠方》豉粥)

5.治伤寒心狂欲走：豉(炒令香熟)三两，芒硝(烧令白，于湿地上用纸衬出火毒)四两。上二味，每取豉半两，先以水一盏，煎取七分，去滓，下芒硝末三钱匕，再煎三二沸。空腹，分温二服，如人行三里更一服，日夜可四服。(《圣济总录》香豉汤)

6.治伤寒汗出不解，已三四日，胸中闷：豉一升，盐一合。水四升，煎取一升半。分服当吐。(《梅师集验方》)

7.治温毒发斑，大疫难救：黑膏生地黄半斤(切碎)，好豉一升，猪脂二斤。合煎五六沸，令至三分减一，绞去滓，末雄黄、麝香如大豆者纳中，搅和。尽服之，毒从皮中出。(《肘后方》)

8.治大头瘟瘴，头痛发热，胸胀气急：淡豆豉八钱，连翘一两，生姜五片，葱白五茎。水五大碗，煎二碗半。徐徐服。(《方脉正宗》)

9. 治多年肺气喘急，呴嗽，晨夕不得眠：信砒石一钱半（研，飞如粉），豆豉（好者）一两半（水略润少时，以纸浥干，研成膏）。上用膏子和砒同杵极匀，丸如麻子大。每服十五丸，小儿量大小与之，并用极冷腊茶清临卧吞下，以知为度。(《本事方》紫金丹）

10. 治疟疾腹胀，寒热，遍身疼：淡豆豉五合，槟榔五钱。水二碗，煎一碗，得吐即愈。(《肘后方》)

11. 治血痢不止：淡豆豉二两，大蒜肉一两五钱（火煨熟）。共捣成膏，丸梧子大。每早服百丸，白汤下。(《博济方》)

12. 治伤寒暴痢腹痛：豉一升，薤白（切）一握。以水三升先煮薤，内豉更煮汤，色黑去豉。分为二服，不瘥再服。(《药性论》)

13. 治泻痢虚损：淡豉二两，白术三钱，甘草五分。上同杵为膏，丸如梧子大。每服三四丸，以米饮汤下。如未愈及赤白痢腹满胁痛者加一二丸。(《宣明论方》二胜丸）

14. 治小儿一二岁，面色萎黄，不进饮食，腹胀如鼓，或生青筋，日渐赢瘦：淡豆豉十粒，巴豆一粒（略去油）。上研匀如泥，丸粟米大。每服十丸，姜汤下，无时服。(《普济方》淡豆豉丸）

15. 治痔漏：豆豉（炒）、槐子（炒）等分。为末。每服一两，水煎空心服。(《卫生易简方》)

16. 治小便不通：连根葱一根（不洗去泥土），生姜一片，淡豆豉二十一粒，盐二匙。同研捶作饼，放脐子上烘热，饼掩脐中，以厚绵絮系定，良久气通自利，不然再换。(《片玉心书》)

17. 治胎毒，又能助养脾元，消化乳食：淡豆豉煎浓汁，与

儿饮三五口，其毒自下。(《小儿病源方论》)

18. 治虚劳冷，骨节疼痛无力：豉二升，地黄八斤。上二味再遍蒸，曝干为散。食后以酒一升，进二方寸匕，日再服之。亦治虚热。(《千金要方》)

19. 治鼻衄，终日不止，心神烦闷：豉二合，艾叶如鸡子大，鹿角胶二两 (杵碎，炒令黄燥)。上件药，以水二大盏，煎取一盏二分，分为三服，徐徐服之。(《圣惠方》)

20. 治咽喉肿痛，语声不出：豉半升。水二大盏，煎至一大盏，去滓。分为二服，相继稍热服之，令有汗出瘥。(《圣惠方》)

21. 治口疮：豆豉四两。炒，捣罗为散。每用绵裹一钱匕，含之，日五七次。(《圣济总录》豆豉散)

22. 治头疮久不瘥，及白秃：豆豉半升，龙胆草、芜荑各一分。上药一处用湿纸裹，盐泥固济，火煅存性，碾为末，以生清油半斤熬取四两，下药急搅匀，得所，瓷合收。敷神效。(《世医得效方》如圣黑膏)

23. 治阴茎上疮痛烂：豉一分，蚯蚓湿泥二分。水研和。涂上，干易。禁热食、韭菜、蒜。(《药性论》)

24. 治蝮蛇螫：豉四两，椒三两 (去目)，熏陆香三两，白矾三两 (烧灰)。上件药相和烂捣。以唾调敷被咬处。(《圣惠方》)

【药论】

1. 论淡豆豉性味当为苦温。①李时珍："黑豆性平，作豉则温。"(《纲目》)②缪希雍："豉，《经》云味苦寒无毒，然详其用，气应微温。盖黑豆性本寒，得蒸晒之气必温，非苦温则不能发汗、开腠理、治伤寒头痛寒热及瘴气恶毒也。苦以涌吐，故能治烦躁满闷。以热郁胸中，非宣剂无以除之。如伤寒短气烦躁，胸中懊侬，饥不欲食，虚烦不得眠者，用栀子豉汤吐之是也。又能下气调中辟寒，故主虚劳喘吸，两脚疼冷。"（《本草经疏》）

2. 论淡豆豉为宣郁之上剂。倪朱谟："淡豆豉，治天行时疾，疫疠瘟瘴之药也。王绍隆曰：此药乃宣郁之上剂也。凡病一切有形无形，壅胀满闷，停结不化，不能发越致疾者，无不宣之，故统治阴阳互结，寒热迭侵，暑湿交感，食饮不运，以致伤寒寒热头痛，或汗吐下后虚烦不得眠，甚至反复颠倒，心中懊侬，一切时灾瘟瘴，疟痢斑毒，伏痧恶气，及杂病科痰饮，寒热，头痛，呕逆，胸结，腹胀，逆气，喘吸，脚气，黄疸，黄汗，一切沉滞浊气搏聚胸胃者，咸能治之。"（《本草汇言》）

3. 论淡豆豉治烦躁不眠。①汪绂："（淡豆豉）黑入肾，苦坚水而泻心火，故能交心肾，治不眠。"（《药林纂要·药性》）②邹澍："豆豉治烦躁满闷，非特由于伤寒头痛寒热者可用，即由于瘴气恶毒者亦可用也。盖烦者阳盛，躁者阴逆，阳盛而不得下交，阴逆而不能上济，是以神不安于内，形不安于外，最是仲景形容之妙，曰反复颠倒，心中懊侬。惟其反复颠倒，心中懊侬，正可以见上以热盛，不受阴之滋，下因阴逆，不受阳之降，治之不以他药，止以豆豉栀子成汤，以栀子能泄热下行，即可知豆豉能散阴上逆矣。"（《本经疏证》）③蒋溶："（淡豆豉）能宣足少阴、太阳之真气，令生化达于藏府以际周身，其治虚烦者心火为烦，由肾阴不至于心也，淡豉能化阴气上奉于心，故治烦躁。"（《萃金裘本草述录》）

【集解】

1.《本草拾遗》："蒲州豉味咸，无毒。作法与诸豉不同，其味烈。陕州有豉汁，经年不败，大除烦热，入药并不如今之豉心，为其无盐故也。"

2.《食疗本草》："陕府豉汁，甚胜于常豉。以大豆为黄蒸，每一斗加盐四升，椒四两，春三日、夏两日、冬五日即成。半熟加生姜五两，既洁且精，胜埋于马粪中。"

四十四、《中药大辞典》

【别名】

香豉（《伤寒论》）、淡豉（《纲目》）。

【来源】

为豆科植物大豆的种子经蒸罨加工而成。

【原形态】

一年生草本，高 50～150cm。茎多分枝，密生黄褐色长硬毛。三出复叶，叶柄长达 20cm，密生黄色长硬毛；小叶卵形、广卵形或狭卵形，两侧的小叶通常为狭卵形，长 5～15cm，宽 3～8.5cm；旗瓣倒卵形，翼瓣长椭圆形，龙骨瓣斜倒卵形。荚果带状矩形，黄绿色或黄褐色，密生长硬毛，长 5～7cm，宽约 1cm。种子 2～4 粒，卵圆形或近球形。花期 6 月—7 月，果期 7 月—9 月。

【制法】

取桑叶、青蒿加水煎汤，过滤，取药汤与洗净的黑大豆拌匀，俟汤吸尽后，置笼内蒸透，取出略凉，再置容器内，上盖煎过的桑叶、青蒿渣，闷至发酵生黄衣为度，取出，晒干即得。（每黑大豆 100 斤，用桑叶 4 斤、青蒿 7 斤。）

《纲目》造淡豉法："用黑大豆二三斗，六月内淘净，水浸一宿，沥干蒸熟，取出摊席上，候微温，蒿覆。每三日一看，候黄衣上遍，不可太过。取晒簸净，以水拌干湿得所，以汁出指间为准，安瓮中，筑实。桑叶盖，厚三寸，密封泥，于日中晒七日，取出，曝一时，又以水拌入瓮。如此七次，再蒸过，摊去火气，瓮收筑封即成。"

淡豉制法，除上述加工法而外，尚有以其他药物如辣蓼、佩兰、苏叶、藿香、麻黄、青蒿、羌活、柴胡、白芷、川芎、葛根、赤芍、桔梗、甘草等，或煎取药汁，用以煮豆，或将药物研成粉末同煮熟的大豆拌和，然后闷置发酵等不同的加工方法。

【性状】

干燥品呈椭圆形，略扁，长 0.5 ～ 1cm，宽 3 ～ 6mm。外皮黑色，微有纵横不整的皱折，上有黄灰色膜状物。外皮多松泡，有的已脱落，露出棕色种仁。质脆，易破碎，断面色较浅。有霉臭，味甘。以色黑、附有膜状物者为佳。

【性味】

苦，寒。

1.《别录》："味苦，寒，无毒。"

2.《千金·食治》："味苦、甘，寒，涩，无毒。"

3.《珍珠囊》："苦、咸。"

【归经】

入肺、胃经。

1.《雷公炮制药性解》："入肺经。"

2.《本草经解》："入足太阳膀胱、手太阳小肠、手少阴心、手少阳三焦经。"

3.《要药分剂》："入肺、胃二经。"

【功用主治】

解表，除烦，宣郁，解毒。治伤寒热病，寒热，头痛，烦躁，胸闷。

1.《别录》："主伤寒头痛寒热，瘴气恶毒，烦躁满闷，虚劳喘吸，两脚疼冷。"

2.《药性论》："治时疾热病发汗；熬末，能止盗汗，除烦；生捣为丸服，治寒热风，胸中生疮；煮服，治血痢腹痛。"

3.《日华子本草》："治中毒药，疟疾，骨蒸；并治犬咬。"

4.《珍珠囊》："去心中懊忱，伤寒头痛，烦躁。"

5.《纲目》："下气，调中。治伤寒温毒发癍，呕逆。"

6.《本经逢原》："以水浸绞汁，治误食鸟兽肝中毒。"

7.《会约医镜》："安胎孕。"

【用法用量】

内服：煎汤，2～4钱；或入丸剂。外用：捣敷或炒焦研末调敷。

四十五、其他

1.康熙年间，云间词派后期代表人物之一钱芳标的《击鲜行》中有关于"豉"的记载："曲米渍成鲟枕脆，豉羹调出箬腴新。""豉羹"，即豆豉。

2.《汉书·货殖传》："豉樊少翁、王孙大卿，为天下高訾。"颜师古注："樊少翁及王孙大卿卖豉，亦致高訾。""訾"同"资"，"高訾"谓多钱财。

3.（宋）陆游《戏咏山阴风物》："项里杨梅盐可彻，湘湖莼菜豉偏宜。"

4.（宋）吴可《友人惠笋豉》："野税那知笋豉香，伊蒲淡泊喜初尝。"

5.（宋）王洋《以豆豉送㧑父》："吴楚家山一水分，金山僧饭饱知闻。莼丝煮菜无消息，盐豉聊供旧使君。"

6.（宋）梅尧臣《裴直讲得润州通判周仲章咸豉遗一小瓶》："金山寺僧作咸豉，南徐别乘马不肥。大梁贵人与年少，红泥罂盎鸟归飞。我今老病寡肉食，广文先生分遗微。"

小结

本章共整理淡豆豉相关本草论著44部，以及相关诗文6首。全章按历史朝代顺序对本草著作中淡豆豉的记载进行了整理，并从性味、归经、制法、功效、附方等几个方面进行了分类归纳，可使读者了解淡豆豉的古今概况，便于读者对淡豆豉进行针对性的查询，为淡豆豉相关实验研究和产品开发提供灵感和思路。

淡豆豉的药对配伍

　　淡豆豉，苦、辛，凉，归肺、胃经。具有发汗解表、宣发郁热、和胃消食、清热止痢等功效，常与栀子、薤白、葱白、杏仁等配伍应用。如张仲景《伤寒论》中栀子豉汤，为治疗无形之邪热郁于胸膈而致的胸脘窒闷、烦扰不安的经典方剂；又如葛洪《肘后备急方》中葱豉汤，具有通阳发汗、解表散寒之功，为风寒表证轻者良效方。两方于后世加减及变通应用甚多。

一、淡豆豉与栀子配伍

　　栀子和淡豆豉配伍最早可见于张仲景《伤寒论》，其中经典方栀子豉汤由栀子和香豉两味药组成，为"虚烦"火郁证而设。火热邪气蕴郁，而使胸膈气机阻塞不利，火当清之，郁当发之，故用栀子豉汤清宣郁火。方中栀子清热燥湿，泻火除烦；香豉宣透郁热，益胃和中。栀子与香豉属于相使配伍，栀子助香豉透热于外，香豉助栀子清热于内。栀子苦寒而色赤，其形似心，色赤应心，寒能清热，苦可通泄，素以清心除烦见长，兼泻三焦之火；豆豉色黑入肾，其气香窜，其性升发，能宣散心经郁热，使心火透达于外，与栀子相配，又能鼓动肾水上达，以济心阴，使心阳不亢，如此则阴阳协调，水火相济，君主自安，逆乱自平①。

栀子豉汤在张仲景《伤寒论》中共出现6次，该方应用范围较广，涉及病症表现较多，既能用于上焦之头汗出、咽燥口苦、烦热、胸中窒、心中结痛、怵惕烦躁、不得眠、虚烦、心中懊恼、反复颠倒，又能用于中焦之按之心下濡、饥不能食、腹满；既能用于四肢之手足温，又能用于全身之身热、汗出、不恶寒、反恶热、身重、脉浮而紧。栀子豉汤的应用要旨主要有："发汗后，水药不得入口为逆，若更发汗，必吐下不止。发汗吐下后，虚烦不得眠，若剧者，必反复颠倒，心中懊恼，栀子豉汤主之"（第76条），病变以烦闷为主；"发汗若下之而烦热，胸中窒者，栀子豉汤主之"（第77条），病变以窒塞不通为主；"伤寒五六日，大下之后，身热不去，心中结痛者，未欲解也，栀子豉汤主之"（第78条），病变以疼痛为主；"阳明病，脉浮而紧，咽燥口苦，腹满而喘，发热汗出，不恶寒，反恶热，身重。若发汗，则躁，心愦愦，反谵语；若加温针，必怵惕，烦躁不得眠；若下之，则胃中空虚，客气动膈，心中懊恼，舌上苔者，栀子豉汤主之"（第221条），病变以阳明类似证为主；"阳明病，下之，其外有热，手足温，不结胸，心中懊恼，饥不能食，但头汗出者，栀子豉汤主之"（第228条），病变以阳明类似可下证为主；"下利后，更烦，按之心下濡者，为虚烦也，宜栀子豉汤"（第375条），病变以阳明经为主②。

① 陈丽艳，张蕾，官雪莲，等．栀子豉汤及拆方对六种人肠道菌的影响［J］．中国微生态学杂志，2019，31（1）：8-11，16.
② 栾金红，赵龙刚．《伤寒论》栀子豉汤浅析［J］．世界最新医学信息文摘，2019，19（85）：256，258.

栀子豉汤原方组成及服法为："栀子十四个（擘），香豉四合（绵裹）。上二味，以水四升，先煮栀子，得二升半，内豉，煮取一升半，去滓。分为二服，温进一服。得吐者，止后服。"方中栀子性味苦寒，入心、肝、肺、胃、三焦经，体轻上浮，清中有宣，与芩、连之苦降直折不同，既可清宣胸膈郁热，泻热除烦，又可导火热下行；淡豆豉辛、甘、微苦，性寒，入肺、胃经，其性轻浮，善能宣散，且气味轻薄，苦而不燥，寒而不凝，发汗不伤阳，透达不损阴，解郁除烦化滞而无凉遏之弊，既能解表宣热，又可和降胃气，是一味"透邪转气"之佳良妙药。二药配伍，清中有宣，宣中有降，既可清解胸表之热，又可宣泄火郁之烦，还可调理气机之升降出入，对火郁虚烦疗效颇佳，为清宣胸膈郁热，以治虚烦懊侬之良方。栀子豉汤之所以能作用于胸膈，与豆豉具有"载药上浮"的作用有关。淡豆豉、栀子一辛一苦，一开一降，共成辛开苦降之方①。

仲景之后，各代医家不断探索栀子豉汤及其衍生方，剖析方药配伍，研究方证辨病，逐步拓展了栀子豉汤及其类方的临证应用。

黄庭镜《目经大成》："栀子豉汤，栀子仁、豆豉（倍用），或加干姜少许。表证未退，医早下之，阳邪乘虚入里，固结不能散，烦热懊侬。更以陷胸汤继投，愈虚其虚，病不起尔。栀、豉靖虚烦客热，服而探吐。俾误下表邪，一涌而出。去邪存正，此为上策。"

李中梓《伤寒括要》："汗吐下后，虚烦不得眠，若剧者，必心中懊侬，栀子豉汤主之。"

---

① 王付. 栀子豉汤方证及衍生方的思考［J］. 中医杂志，2015, 56（7）: 626-627.

成无己《伤寒明理论》："若发汗吐下后，邪气乘虚留于胸中，则谓之虚烦，应以栀子豉汤吐之。栀子豉汤，吐胸中虚烦者也。栀子味苦寒。《内经》曰：酸苦涌泄为阴。涌者，吐之也。涌吐虚烦，必以苦为主，是以栀子为君；烦为热胜也，涌热者，必以苦，胜热者，必以寒，香豉味苦寒，助栀子以吐虚烦，是以香豉为臣。《内经》曰：气有高下，病有远近，证有中外，治有轻重。适其所以为治，依而行之，所谓良矣。"

吴崑《医方考》："栀子味苦，能涌吐热邪；香豉气腐，能克制热势，所谓苦胜热，腐胜焦也。是方也，惟吐无形之虚烦则可，若用之以去实，则非栀子所能宣矣。宣实者，以后方瓜蒂散主之。"

吕震名《伤寒寻源》："栀子十二枚（擘），香豉四两（绵裹）。上二味，以水四升，先煮栀子，得二升半，内豉，煮取一升半，去滓。分为二服，温进一服。得吐者，止后服。此非吐法之主方也。因误汗吐下后，正气已伤，邪留上焦，扰动阳气，因生烦热。无论虚烦实烦，皆宜此方取吐。虚烦者，若经中所指虚烦不得眠，反复颠倒，心中懊侬，胃中空虚，客气动膈，按之心下濡，舌上苔，饥不能食，不结胸，但头汗出，皆虚烦之候也；实烦者，若经中所指胸中窒，心中结痛，皆实烦之候也。此方主宣膈上之热，使得涌吐而解。若本有寒分者不宜，故经有病人旧微溏不可与之戒。今人用栀子俱炒黑，不能作吐，本方生用，故入口即吐也。香豉蒸罨而成，性主上升，故能载之以作吐，乃吐法中之轻剂也。"

程国彭《医学心悟》："懊侬，侬即恼字，古通用。心中郁郁不舒，比之烦闷有甚者。由表邪未尽，乘虚内陷，结伏于心胸之间也，栀子豉汤吐之。栀子豉汤，栀子三钱，香豉五钱，水煎服，服后，随手探吐之。若加枳实，名枳实栀子豉汤，治前症并伤饮食。"

柯韵伯《伤寒来苏集》："栀子苦能泄热，寒能胜热，其形象心，又赤色通心，故除心烦愦愦、懊恼结痛等症；豆形象肾，制而为豉，轻浮上行，能使心腹之邪上出于口，一吐而心腹得舒，表里之烦热悉除矣。"

张秉成《成方便读》："栀子豉汤邪在胸，阳明初病热留中。懊恼烦扰全凭吐，大便微溏莫与逢。栀子豉汤……治太阳表证已罢，欲传胃腑，邪入于胸，尚未及于腑者。故用吐法以宣散其邪，所谓在上者因而越之是也。又治伤寒误用汗吐下后，津液重伤，邪乘虚入，因致虚烦不眠、心中结痛等证。栀子色赤入心，苦寒能降，善引上焦心肺之烦热屈曲下行，以之先煎，取其性之和缓。豆豉用黑豆蒸窨而成，其气香而化腐，其性凉而成热，其味甘而变苦，故其治能除热化腐，宣发上焦之邪，用之作吐，似亦宜然，且以之后入者，欲其猛悍，恐久煎则力过耳。"

郑钦安《医理真传》："栀豉汤一方，乃坎离交济之方，非涌吐之方也。夫栀子色赤，味苦，性寒，能泻心中邪热，又能导火热之气下交于肾，而肾脏温；豆形象肾，制造为豉轻浮，能引水液之气上交于心，而心脏凉。一升一降，往来不乖，则心肾交而此症可立瘥矣。仲景以此方治汗吐下后虚烦不得眠，心中懊恼者，是取其有既济之功。前贤以此方列于涌吐条，未免不当。独不思仲景既列于汗吐下后虚烦之症，犹有复吐之理哉！"

张璐《伤寒缵论》："栀子涌膈上虚热，香豉散寒热恶毒，能吐能汗，为汗下后虚烦不解之圣药。若呕，则加生姜以涤饮。"

孙一奎《赤水玄珠》："得山栀，治懊侬。"

邹澍《本经疏证》："其治烦躁满闷也，非特由于伤寒头痛寒热者可用，即由于瘴气恶毒者亦可用也。盖烦者阳盛，躁者阴逆，阳盛而不得下交，阴逆而不能上济，是以神不安于内，形不安于外。最是仲景形容之妙，曰：反复颠倒，心中懊侬。惟其反复颠倒，心中懊侬，正可以见上以热盛，不受阴之滋，下因阴逆，不受阳之降。治之不以他药，止以豆豉、栀子成汤，以栀子能泄热下行，即可知豆豉能散阴上逆矣。"

左季云《伤寒论类方汇参》："栀子苦能泻热，寒能胜热，主治心中上下一切证。豆制而为豉，轻浮上行，化浊为清。"

汪昂《医方集解》："此足太阳、阳明药也。烦为热胜，栀子苦寒，色赤入心，故以为君；淡豉苦能发热，腐能胜焦（肾气为腐，心气为焦，豉蒸罯而成，故为腐），助栀子以吐虚烦，故以为臣。酸苦涌泄为阴也。"

张锡驹《伤寒论直解》："栀子色赤象心，味苦属火而性寒，导火热之下行也。豆为水之谷，色黑性沉，罯熟而复轻浮，引水液之上升也。阴阳和而水火济，烦自解矣。"

尤在泾《伤寒贯珠集》："栀子体轻，味苦微寒，豉经蒸罯，可升可降，二味相合，能彻散胸中邪气，为除烦止躁之良剂。"

王子接《绛雪园古方选注》："栀子豉汤为轻剂，以吐上焦虚热者也。第栀子本非吐药，以此二者生熟互用，涌泄同行，而激之吐也。盖栀子生则气浮，其性涌，香豉蒸罯熟腐，其性泄。涌者，宣也；泄者，降也。既欲其宣，又欲其降，两者气争于阳分，自必从宣而越于上矣。"

吴谦《医宗金鉴·订正仲景全书伤寒论注》："若汗吐下后，懊侬少气，呕逆烦满，心中结痛者，皆宜以栀子等汤吐之。以其邪留连于胸胃之间，或与热、与虚、与饮、与气、与寒相结而不实，则病势向上，即经所谓在上者因而越之之意也。"

费伯雄《医方论》："仲景用栀子令上焦之热邪委宛而下，用豆豉以开解肌理。"

叶天士《临证指南医案》："痛乃宿病，当治病发之由。今痞塞胀闷，食入不安，得频吐之余，疹形朗发，是陈腐积气胶结，因吐经气宣通。仿仲景胸中懊侬例，用栀子豉汤主之。"疹形朗发的原因是吐后余邪未尽，故叶天士并未用清热凉血的方法治疗，而是仿仲景栀子豉汤，清其余邪[1]。

《临证指南医案》中用栀子豉汤加减化裁者凡三十七案，既用于外感病如风温、暑湿、秋燥等，又用于杂病如眩晕、脘痞、心痛等；气分郁热证固然用之，嗽血、吐血亦间用之；上、中焦病用之，甚至邪势弥漫上、中、下三焦亦用之，大大扩充了该方的运用范围。叶天士认为栀子、淡豆豉气味俱薄，属于上焦药，为"轻苦微辛之品"，具"流动"之性，与其主张的"轻浮苦辛治肺""微苦以清降，微辛以宣通"的思路相合，所以常用栀子豉汤治疗上焦气分温病[2]。

二、淡豆豉与薤白配伍

淡豆豉配薤白，温阳健脾，止大便下血。脾主统血，气能摄血。若脾阴不足，脾气亦虚，失去统摄之权，则血从下溢而便血，伴见血色暗淡，四肢不温，面色萎黄，舌淡苔白，脉沉

---

① 陈宁宁.《临证指南医案》对栀子豉汤的应用与发挥 [J]. 山东中医药大学学报, 2012, 36（5）: 423-424.

② 李耀辉, 刘莉君, 张军城, 等. 叶天士运用栀子豉汤规律探讨 [J]. 环球中医药, 2014, 7（1）: 41-42.

细无力。治当温阳止血。薤白温阳，淡豆豉健脾，二药相合，使中阳复而脾运健，气能摄血，便血自止。

《得配本草》谷部淡豆豉条载："得薤白，治痢疾。"

《外台秘要方》卷二引范汪方："豉薤汤，疗伤寒暴下及滞痢腹痛方：豉一升，薤白一把（寸切）。上二物，以水三升，煮令薤熟，漉去滓，分为再服，不瘥复作。"

《伤寒类证活人书》卷十八载："伤寒下利如烂肉汁赤，滞下，伏气腹痛，诸热毒，皆主之。豆豉半升（绵裹），薤白一把，栀子七枚（大者，擘破）。上锉，以水二升半，先煎栀子十沸，下薤白，煎至二升，下豉，煎取一升二合，去滓，每服一盏。"

《本草经解》曰："同薤白，治血利。"

《药性论》载："伤寒暴痢腹痛者，豉一升，薤白一握（切）。以水三升，先煮薤，内豉更煮，汤色黑去豉，分为二服。不瘥，再服。"

三、淡豆豉与葱白配伍

淡豆豉配葱白，治外感初起，恶寒发热，头身疼痛，鼻塞清涕，无汗而喘者，有辛温解表，通阳发汗之功。

《得配本草》谷部淡豆豉条载："配葱白煎，发汗。"

《肘后备急方》治伤寒时气温病方之葱豉汤载："又伤寒有数种，人不能别，令一药尽治之者。若初觉头痛，肉热，脉洪，起一二日，便作葱豉汤。用葱白一虎口，豉一升，以水三升，煮取一升，顿服取汗。不汗，复更作，加葛根二两，升麻三两，五升水，煎取二升，分再服，必得汗。若不汗，更加麻黄二两。又，用葱汤研米二合，水一升，煮之少时，下盐、豉，后内葱白四物，令火煎取三升，分服取汗也。又方，豉一升，小男溺三升，煎取一升，分为再服，取汗。又方，葛根四两，水一斗，煎取三升，乃内豉一升，煎取升半，一服。捣生葛汁，服一二升，亦为佳也。"本方组成能体现葛洪组方遣药简、便、廉、效的特点，清宣发散，温而不燥，汗而不峻，与感冒及时疫初起，邪浅证轻者，颇为合拍。方中葱白"散风寒表邪""治伤寒头痛身疼"，为君药，淡豆豉"发汗解肌"，宣散表邪，二药药性平和，辛而不烈，温而不燥，构成辛温解表之轻剂，可解表散寒。

《伤寒类证活人书》卷十八载："治伤寒一二日，头项腰背痛，恶寒，脉紧，无汗者，此汤主之。豆豉二大合，葱白十五茎，麻黄四分（去节），干葛八分。上件，以水二升，先煎麻黄六七沸，掠去白沫，干葛煎二十余沸，下豉，煎取八大合，去滓，分二次温服，如人行五六里，服讫良久，煮葱豉汤热吃，即取汗。"

《圣济总录》卷第二十一载："治伤寒初觉一二日，头项腰脊痛，恶寒，葱豉汤方：葱白十四茎，豉半合（炒），干姜（炮）一分，麻黄（去根节）、桂（去粗皮）、芍药各半两。上六味，咬咀如麻豆大，每服五钱匕，水二盏，煎至一盏，去滓温服。良久投葱豉热粥，盖覆出汗。"即采用葱白和淡豆豉等治疗伤寒初起时头、腰、脊背疼痛及怕冷、发热症状。

《圣济总录》卷第二十三载："治时气发汗，葱白汤方：葱白（烂研）二两，生姜（细切）一两，豉一合（拍碎），细茶末二钱。上四味，先以水二盏，煎葱并姜至一盏半，次下豉，煎少时，即入茶末，去滓顿服，厚衣盖覆取汗。"该方用于解热发汗，治疗风寒。

《太平圣惠方》卷九载："治伤寒初得一日，壮热头痛，宜服葱豉汤方。葱白三茎（切），麻黄一两（去根节，锉），豉一合，生姜半两（拍碎）。上件药，以水二大盏，煎至一大盏三分，去滓，不计时候，稍热，分为三服。频服，衣覆出汗。"

《太平圣惠方》卷九十七"食治妊娠诸方"载："治妊娠伤寒头痛，豉汤方：豉一合，葱白一握（去须，切），生姜一两（切）。上以水一大盏，煮至六分，去滓，分温二服。"

《医方论》载："葱豉汤，葱白一握，豉一升。解表通阳，最为妥善。勿以其轻淡而忽之。"论证葱白配伍豆豉，解表发汗最为合适。

《医学读书记》载："葱茎白，通上下阳气。合而用之，故能通治数种伤寒。然其方亦有数变。"

《圆运动的古中医学》载："温病脉虚，身乏身痛，发热恶寒，是兼感寒温病。葱豉汤：葱头三五个，淡豆豉五钱，不加盐，煎服。豆豉和木气以治温，葱头散卫气以治寒，平稳之方也。如不恶寒，忌用葱豉。不恶寒，单发热，乃是温病，黄豆一味煎服即愈。豆豉宣散，亦不可用。黄豆润津液，益中气，养木气而平疏泄，故效。兼有卫气闭敛之证据。葱性疏通卫闭，其性平和。豆豉宣滞不伤中气，取效甚宏，故宜用之，比薄荷稳也。"

《张氏医通》："葱白香豉汤（《千金》），治时疫伤寒，三日以内，头痛如破，及温病初起烦热。葱白（连须）一握，香豉三合。上二味，水煎，入童子小便一合，日三服，秋冬加生姜二两。按：本方药味虽轻，功效最著。凡虚人风热，伏气发温，及产后感冒，靡不随手获效。与产后、痢后用伏龙肝汤丸不殊，既可探决死生，且免招尤取谤，真危证解围之良剂也。"

四、淡豆豉与杏仁配伍

淡豆豉配杏仁，可见于《得配本草》谷部淡豆豉条："佐杏仁，开膈气。"杏仁苦降，淡豆豉升散，二药相合，一升一降，开利膈气。凡因膈气郁滞，症见胸中窒滞，嗳气呃逆不休者，投之立效。

五、淡豆豉与麦冬配伍

淡豆豉配麦冬，滋阴解表，治病后阴血亏虚，调摄不慎，感受外邪，或吐血、便血、咳血、衄血之后，复感风寒，头痛身热，微寒无汗。此等证外邪在表而无汗者，当发汗解表。然而汗血同源，《灵枢·邪客》载："营气者，泌其津液，注之于脉，化以为血。"汗与血存在形式不同，其化生过程亦不相同，但都化源于津液，津液在体内有滋养濡润的作用，同时又是血液的组成成分，属阴精之范畴。《灵枢·营卫生会》有"夺血者无汗，夺汗者无血"之说，《伤寒论》亦有亡血忌汗与"尺中（脉）迟者，不可发汗"的禁例。病者血虚阴虚，又有表证，不汗则邪终不解，汗之又恐重伤阴血，变生他证，所以用麦冬养阴以滋汗源，豆豉发表以解外邪，二者配合，标本兼顾，方可汗出而表解。

六、淡豆豉与竹茹配伍

淡豆豉祛风散热，利水下气，散郁除烦，具有疏散表邪的作用；竹茹具有清热豁痰、清心定惊的作用，用于烦热、呕吐、呃逆及痰热咳喘。两者配伍，可奏清热降燥之功。

《太平圣惠方》载："治风热攻心，烦闷不已豉粥方：豉二合，青竹茹一两，米二合。上以水三大盏，煎豉、竹茹，取汁一盏半，去滓，下米煮粥。温温食之。"

七、淡豆豉与槟榔配伍

淡豆豉辛散苦泄，性寒，入肺经，具有疏散宣透之性，既能透散表邪，又能宣散郁热，发汗之力颇为平稳，有"发汗不伤阴"之说；槟榔辛散苦泄，入胃、大肠经，善行胃肠之气，能缓泻通便而消积导滞。二者配伍，行气止痛，清热燥湿。

《肘后备急方》载："治疟疾腹胀，寒热，遍身疼，淡豆豉五合，槟榔五钱，水二碗，煎一碗，得吐即愈。"

八、淡豆豉与大蒜配伍

大蒜主脘腹冷痛、痢疾、泄泻；淡豆豉具有护胃和中的作用，可防苦寒之品伤胃。两者合用，具有止痢、止血、护胃之效。

《博济方》载："治血痢不止，淡豆豉二两，大蒜肉一两五钱（火煨熟），共捣成膏，丸梧子大。每早服百丸，白汤下。"

九、淡豆豉与葛根配伍

淡豆豉疏散表邪作用平和；葛根味甘，气平，体轻上行，浮而微降，阳中阴也，无毒，入足阴明胃经，疗伤寒，发表肌热，又入脾，解燥，生津止渴，治外感表证发热，无论风寒风热，皆可选用。两者配伍，可治伤寒。

《肘后备急方》载："葛根四两，水一斗，煎取三升，乃内豉一升，煎取升半，一服。捣生葛汁，服一二升亦为佳也。"

十、淡豆豉与吴茱萸配伍

吴茱萸辛热祛寒，主入肝经，兼入脾、胃经，既善散寒止痛，又能疏肝行气，为治寒凝诸痛所常用，尤长于治疗寒疝，可配以温中降逆之品淡豆豉。

《肘后备急方》载治卒心痛方："吴茱萸二升，生姜四两，豉一升。酒六升，煮三升半。分三服。"治卒腹痛方："治寒疝来去，每发绞痛方：茱萸三两，生姜四两，豉二合。酒四升，煮取二升。分为二服。"

十一、淡豆豉与生地黄配伍

淡豆豉轻透微汗疏表；生地黄清热凉血，养阴生津。二药合用，轻透疏解，养阴凉血，疏透不伤阴助热，养阴不滞邪闭表，相辅相成，共奏清热凉血、养阴透表之功效[①]。

十二、淡豆豉与石斛配伍

淡豆豉轻透疏解；石斛养胃阴安胃，可救后天。二药合伍，有养阴资汗源、滋阴透表之功[①]。

十三、淡豆豉与柴胡配伍

淡豆豉疏散透达；柴胡可疏解少阳半表半里之邪。二药合用，一透表，一和解。和而兼汗，微汗轻透不伤正，则可断外邪入半里之途，使邪从半表而出[①]。

十四、淡豆豉与生姜皮配伍

淡豆豉具疏散宣透之性，能透散表邪，宣散郁热，发汗之力颇为平稳；生姜皮有和中利水消肿之功。二药合伍，轻浮走

---

① 肖森茂，彭永开. 百家配伍用药经验采菁［M］.北京：中国中医药出版社，1992.

上行表，轻散轻疏，泄卫达表①。

十五、淡豆豉与芒硝配伍

淡豆豉性味苦寒，具有解表散热、和胃除烦、宣郁解毒之功效；芒硝苦寒降泄，主治实热积滞，有清热除湿的作用。两者配伍，可宣发郁热，清热除烦，解表降燥。《圣济总录》载："伤寒热毒既盛，内外皆热，则阳气愤嗔而发为狂越，其病使人狂走妄言……治伤寒心狂欲走，缘风热毒气内乘于心所致，香豉汤方：豉（炒令香熟）三两，芒硝（烧令白，于湿地上用纸衬，出火毒）四两。上二味，每取豉半两，先以水一盏，煎取七分，去滓，下芒硝末三钱匕，再煎三两沸。空腹分温二服，如人行三里，更一服，日夜可四服。但初看是风狂者，宜暂缚两手足，三服之后解之，即无不愈者。"

小结

综上所述，淡豆豉既能透散外邪，又能宣散邪热、除烦，历代医家常以之与清热泻火除烦的栀子同用，治疗外感热病，邪热内郁胸中，心中懊侬，烦热不眠；其辛散苦泄，且发汗解表之力颇为平稳，常配伍葱白治外感初起，恶寒发热；配伍麦冬，可用于血虚阴虚外感，使汗出而表解；其性寒，具有清热止痢之效，可与薤白配伍，用于治疗腹痛、痢疾；其辛开苦降，入胃经，能和胃消食，常与杏仁配伍，宣郁利气，和胃消食。合理有效的配伍，能够发挥淡豆豉的功效，达到治疗不同疾病的目的。

---

① 肖森茂，彭永开.百家配伍用药经验采菁［M］.北京：中国中医药出版社，1992.

含淡豆豉的经典方剂及成方制剂

第一节　含淡豆豉的经典方剂

淡豆豉始载于《名医别录》，早在汉代便应用于组方治病。淡豆豉常与栀子、薤白、葱白等配伍，很多方剂是在此基础上加减而来，如《伤寒论》中除栀子豉汤外，还记载了栀子甘草豉汤、栀子大黄汤、栀子生姜豉汤、枳实栀子豉汤等。因此，深入研究经典方剂，对于临床灵活应用淡豆豉具有指导意义。

下面以银翘散、葱豉桔梗汤、连朴饮、辛凉清解饮、加减大青龙汤、栀子豉汤为例，具体介绍淡豆豉在经典方剂中的应用。

一、银翘散

【处方及煎服法】

连翘一两，银花一两，苦桔梗六钱，薄荷六钱，竹叶四钱，生甘草五钱，芥穗四钱，淡豆豉五钱，牛蒡子六钱。上杵为散，每服六钱，鲜苇根汤煎。香气大出，即取服，勿过煮。肺药取轻清，过煮则味厚而入中焦矣。病重者，约二时一服，日三服，夜一服。轻者三时一服，日一服，夜一服。病不解者，作再服。

【出处论述】

出自《温病条辨》上焦篇："太阴风温、温热、温疫、冬温，初起恶风寒者，桂枝汤主之。但热不恶寒而渴者，辛凉平剂银翘散主之。"

1.《温病条辨》："本方谨遵《内经》'风淫于内，治以辛凉，佐以苦甘；热淫于内，治以咸寒，佐以甘苦'之训，又宗喻嘉言芳香逐秽之说，用东垣清心凉膈散，辛凉苦甘。病初起，且去入里之黄芩，勿犯中焦，加银花辛凉，芥穗芳香，散热解毒，牛蒡子辛平润肺，解热散结，除风利咽，皆手太阴药也……此方之妙，预护其虚，纯然清肃上焦，不犯中下，无开门揖盗之弊，有轻以去实之能，用之得法，自然奏效。"

2.《成方便读》："治风温温热，一切四时温邪，病从外来，初起身热而渴，不恶寒，邪全在表者……故以辛凉之剂，轻解上焦。银花、连翘、薄荷、荆芥，皆辛凉之品，轻扬解散，清利上焦者也；豆豉宣胸化腐，牛蒡利膈清咽，竹叶、芦根清肺胃之热而下达，桔梗、甘草解胸膈之结而上行。此淮阴吴氏特开客气温邪之一端，实前人所未发耳。"

3.《方剂学》："温者，火之气也，自口鼻而入，内通于肺，所以说'温邪上受，首先犯肺'。肺与皮毛相合，所以温病初起，多见发热头痛，微恶风寒，汗出不畅或无汗。肺受温热之邪，上熏口咽，故口渴、咽痛；肺失清肃，故咳嗽。治当辛凉解表，透邪泄肺，使热清毒解。吴氏宗《素问·至真要大论》'风淫于内，治以辛凉，佐以苦甘'之训，综合前人治温之意，用银花、连翘为君药，既有辛凉透邪清热之效，又具芳香辟秽解毒之功；臣药有二，即辛温的荆芥穗、豆豉，助君药开皮毛而逐邪；桔梗宣肺利咽，甘草清热解毒，竹叶清上焦热，芦根清热生津，皆是佐使药。本方特点有二：一是芳香辟秽，清热解毒；一是辛凉中配以小量辛温之品，且又温而不燥，既利于透邪，又不背辛凉之旨。方中豆豉因制法不同而有辛温辛凉之异，但吴氏于本方后有'衄者，去芥穗、豆豉'之明文。在银翘散去豆豉加细生地、丹皮、大青叶倍元参汤的方论中又明确指出'去豆豉，畏其温也'（《温病条辨·上焦篇》第十六条）。所以本方的豆豉还应作辛温为是。本方用法中有'香气大出，即取服，勿过煮'，此说实为解表剂煎煮火候的通则。"

【配伍分析】

温病初起，邪在卫分，卫气被郁，开合失司，则发热，微恶风寒，无汗或有汗不畅；风热上犯，以致咽痛咳嗽；温邪易伤津液，故口渴，舌尖红；邪在卫表，故舌苔薄白或微黄，脉浮数。治当辛凉透表，清热解毒。综合前人治温之法，以金银花、连翘为君，既有辛凉透表、清热解毒的作用，又有芳香辟秽的功效，在透解卫分表邪的同时，兼顾温热病邪多夹秽浊之气的特点。薄荷、牛蒡子味辛而性凉，疏散风热，清利头目，且可解毒利咽；荆芥穗、淡豆豉辛而微温，助君药发散表邪，透热外出，此二者虽属辛温，但辛而不烈，温而不燥，与辛凉药配伍，可增辛散透表之力，共为臣药。竹叶清上焦热，芦根清热生津，桔梗宣肺止咳，同为佐药。生甘草既可调和诸药、护胃安中，又可合桔梗清利咽喉，是属佐使之用。[①]

---

① 李炳照，陈海霞，李丽萍，等．实用中医方剂双解与临床［M］．北京：科学技术文献出版社，2008.

银翘散中金银花、连翘清热解毒，辛凉透表；薄荷、荆芥穗、淡豆豉辛散表邪，透热外出；桔梗、牛蒡子、生甘草宣肺祛痰，利咽散结；竹叶、芦根甘凉清热，生津止渴。方中清热解毒药物与辛散表邪药物相配伍，共济疏散风热、清热解毒之功[①]。

【功效主治】

具有辛凉透表、清热解毒之功效，主治温病初起之表热证。本方现代多用于急性发热性疾病的初起阶段，如流行性感冒、急性扁桃体炎、肺炎、麻疹、流行性脑脊髓膜炎、乙型脑炎、腮腺炎等疾病，证属卫分风热者。

【药理作用】

银翘散适用于大多数传染性疾病初期。该方剂中药物大多具有增强和调节免疫功能、抗炎、抗过敏、抗氧化作用，这对于消除传染病早期的炎症大有益处。从方剂的各味药分析，该方剂对心血管系统有明显强心、改善微循环作用[②]。

【应用分析】

加减法

胸膈闷者，可加藿香、石菖蒲芳香化湿，辟秽去浊；口渴甚者，可加天花粉、知母生津止渴；热毒较重而咽喉肿痛者，可加玄参、马勃解毒利咽；咳嗽较重者，可加苦杏仁、桑叶利肺止咳[③]。

---

① 李经纬，余瀛鳌，蔡景峰，等.中医大辞典［M］.2 版.北京：人民卫生出版社，2004.

② 李炳照，陈海霞，李丽萍，等.实用中医方剂双解与临床［M］.北京：科学技术文献出版社，2008.

③ 魏睦新，王钢.方剂一本通［M］.北京：科学技术文献出版社，2009.

胸膈闷者，加藿香三钱，郁金三钱，护膻中；渴甚者，加天花粉；项肿咽痛者，加马勃、玄参；衄者，去荆芥穗、淡豆豉，加白茅根三钱，侧柏炭三钱，栀子炭三钱；咳者，加苦杏仁利肺气；二三日病犹在肺，热渐入里，加细生地、麦冬保津液；再不解，或小便短者，用知母、黄芩、栀子之苦寒，与麦冬、生地之甘寒，合化阴气，而治热淫所胜。

若胸闷，加藿香、郁金；渴甚，加天花粉；项肿咽痛，加马勃、玄参；衄者，去荆芥穗、淡豆豉，加白茅根、侧柏炭、栀子炭；咳者，加苦杏仁[①]。

适应症

银翘散是治疗多种急性发热性传染病，包括热性感冒等疾病的一首常用方剂。凡发病后以发热、微恶寒、咽痛、口渴、脉浮数为主要临床表现者，即可使用本方进行治疗。

使用禁忌

银翘散为辛凉平剂，虽可广泛用于多种急性发热性疾病的初起阶段，但由于许多急性发热性传染病病势重、变化快，其初起阶段容易被误诊为普通感冒，所以当出现高热、头身疼痛较重、咽痛、口渴、脉数时，应该先到医院就诊，以免延误治疗。对于外感风寒及湿热病初起则当禁用[②]。银翘散不宜用于寒性感冒[③]。

---

① 李经纬，余瀛鳌，蔡景峰，等 . 中医大辞典［M］. 2 版 . 北京：人民卫生出版社，2004.

② 李炳照，陈海霞，李丽萍，等 . 实用中医方剂双解与临床［M］. 北京：科学技术文献出版社，2008.

③ 魏睦新，王钢 . 方剂一本通［M］. 北京：科学技术文献出版社，2009.

二、葱豉桔梗汤

【处方】

鲜葱白三枚至五枚，苦桔梗一钱至钱半，焦山栀二钱至三钱，淡豆豉三钱至五钱，苏薄荷一钱至钱半，青连翘钱半至二钱，生甘草六分至八分，鲜淡竹叶三十片。

【出处论述】

出自《重订通俗伤寒论》："膜原伏邪，由春感新寒触发者，法当辛凉发表，葱豉桔梗汤先解其外寒。""《肘后》葱豉汤本为发汗之通剂，配合刘河间桔梗汤，君以荷、翘、桔、竹之辛凉，佐以栀、草之苦甘，合成轻扬清散之良方，善治风温、风热等初起证候。"

【配伍分析】

方中葱白、淡豆豉解肌发表，疏风散邪为君；薄荷、桔梗散风清热，连翘、栀子清热解毒为臣；生甘草合桔梗以利咽，淡竹叶清心除烦，共为佐使。诸药合用，共奏辛凉解表，疏风清热之功。

【功效主治】

辛凉解表，疏风清热。主治风温、风热初起，头痛身热，微寒无汗，或有汗不多，咳嗽咽干，心烦口渴，舌尖红赤，苔薄黄，脉浮数。现用于感冒、流行性感冒初起见上述症状者[1]。

【应用分析】

加减法

咽阻喉痛，加紫金锭二粒（磨冲），大青叶三钱；胸痞，原

---

① 彭怀仁.中医方剂大辞典：第十册［M］.北京：人民卫生出版社，2000.

方去生甘草，加生枳壳二钱，白豆蔻末八分（冲）；发疹，加蝉蜕十二只，皂角刺五分，牛蒡子三钱；咳甚痰多，加苦杏仁三钱，广橘红一钱半；鼻衄，加生侧柏叶四钱，鲜茅根五十支（去衣）；热盛化火，加黄芩二钱，绿豆二两煎药；火旺化燥，加生石膏八钱，知母四钱。

三、连朴饮

【处方】

制厚朴二钱，川连（姜汁炒）、石菖蒲、制半夏各一钱，香豉（炒）、焦栀各三钱，芦根二两。

【出处论述】

出自《霍乱论》卷四。作者于同治元年（1862）重订此书，更名为《随息居重订霍乱论》。书中谓本方："治湿热蕴伏而成霍乱，兼能行食涤痰。"

【配伍分析】

连朴饮为湿热郁遏中焦，脾胃升降失职，气机运行不畅之霍乱吐泻而设。方中黄连清热燥湿解毒，厚朴长于行气燥湿，消胀除满，二者合用，则湿去热清，气行胃和，共为君药。栀子苦寒，助黄连清热燥湿，且可通利三焦，使湿热之邪排出体外；半夏辛温而燥，为燥湿化痰要药，善于降逆和胃止呕，二者共为臣药。佐以石菖蒲辛香走窜，化湿浊，醒脾胃，用于湿阻中焦之脘腹胀闷；淡豆豉芳香化湿、和胃除烦；芦根甘寒质轻，能清透肺胃气分之实热，并能养胃生津，止渴除烦，而无恋邪之患。诸药合用，共奏清热化湿、理气和中之效[1]。

① 魏睦新，王钢．方剂一本通［M］．北京：科学技术文献出版社，2009.

霍乱一病多发于夏秋之间，发病急骤，有挥霍撩乱之势，故命名为霍乱。其皆由内伤饮食，外感湿浊，致使脾胃升降失常所致。临床见上吐下泻，胸脘痞闷，心烦躁扰。治宜清热祛湿，理气和中。方中芦根用量奇重，取其味甘性寒，清热止呕除烦。芦根有良好的清热和胃、止呕除烦之功。又以黄连清热燥湿，厚朴理气祛湿，石菖蒲芳香化湿，半夏和胃燥湿，四者合用，可使湿去热清，气机调和。佐以栀子、香豉（栀子豉汤）清宣胸脘郁热，而除烦闷。诸药配伍，具有辛开苦泄、升清降浊之特点，使湿热一除，脾胃即和，则吐泻立止 [①]。

【功效主治】

连朴饮具有清热化湿、调和胃肠之功效，主治胃肠湿热中阻，为治疗湿热霍乱的代表方剂。本方现代常用于治疗急性胃肠炎、霍乱、伤寒、细菌性痢疾等疾病，证属湿热并重者。

【药理作用】

连朴饮具有显著而广谱的抗病原微生物的作用，特别是对霍乱弧菌、伤寒及副伤寒沙门菌、肠道阴性杆菌，有较强的抑杀作用；对胃肠黏膜有保护作用，抑制胃肠运动，又有保肝利胆作用；能促进心功能，降低血压，改善微循环，改变血液流变学指标；具有镇静、镇痛作用，又可抗炎、抗氧化、提高免疫功能。因此，本方对霍乱、肠伤寒、急性胃肠炎，特别是对霍乱、急性胃肠炎并发多器官（心、肝、脑、肾）功能障碍有一定的治疗作用。

---

① 李炳照，陈海霞，李丽萍，等.实用中医方剂双解与临床［M］.北京：科学技术文献出版社，2008.

【应用分析】

加减法

若腹泻较重者，加炒车前子、薏苡仁；若腹泻而有里急后重者，加木香、槟榔；胸腹胀满者，加草果、白豆蔻；食滞中阻者，加枳实、神曲、山楂；呕吐严重，加吴茱萸少许；大便隐血，加地榆炭、茜草炭；热重于湿，加金银花、连翘、黄芩。

四、辛凉清解饮

【处方】

连翘壳二钱，苏薄荷钱半，淡豆豉钱半，牛蒡子三钱，蝉衣钱半，苦杏仁三钱，金银花二钱，苦桔梗六分，淡竹叶十片。

【出处论述】

出自《秋瘟证治要略》："太阴秋温，洒洒恶寒，蒸蒸发热，舌白腻、边尖红，咽或痛或不痛，首用辛凉清解饮主之。"

【功效主治】

辛凉解表，开肺泻热。

【应用分析】

加减法

胸闷，加瓜蒌皮、郁金各一钱五分；喉痛，加玄参三钱，马勃一钱；鼻衄，加鲜茅根十支，焦栀子三钱。

五、加减大青龙汤

【处方】

麻黄三钱，桂枝三钱，荆芥穗三钱，山甲片二钱（炙），连翘三钱，煅石膏四钱，淡豆豉四钱，葛根六钱，皂刺三钱，黄芩四钱，木通三钱，甘草二钱。

【出处论述】

出自《医学探骊全集》卷三。

【配伍分析】

此方以麻黄为君，佐荆芥穗发头部之汗，佐桂枝、连翘、淡豆豉发周身四肢之汗，佐葛根发肌肉之汗；用穿山甲、皂角刺为诸处引路之兵；石膏甘寒，清内热，解肌表；黄芩清血中之热；木通能引热从小便出；甘草调和诸药。察其脉象，如有根蒂，宜先以此方投之。

【功效主治】

用于外感寒邪，或四五日，或五六日，依然头痛身热恶寒，其脉象人迎与气口相等，俱浮洪而数，数极或七至八至者。

六、栀子豉汤

【处方及煎服法】

栀子十四个（擘），香豉四合（绵裹）。上二味，以水四升，先煮栀子，得二升半，纳豉，煮取一升半，去滓。分为二服，温进一服。得吐者，止后服。（《伤寒论》栀子豉汤）

【出处论述】

出自《伤寒论》："发汗后，水药不得入口为逆，若更发汗，必吐下不止。发汗吐下后，虚烦不得眠，若剧者，必反复颠倒，心中懊恼，栀子豉汤主之。"

1.《伤寒明理论》："若发汗吐下后，邪气乘虚留于胸中，则谓之虚烦，应以栀子豉汤吐之。"

2.《医方集解·涌吐之剂》中汪昂谓："此吐无形之虚烦。"

3.《伤寒论后条辨》："栀豉汤、瓜蒂散吐剂异同？答曰：未经汗吐下而胸中痞硬者，为实邪，瓜蒂散主之，此重剂也。已经汗吐下而胸中懊侬者，为虚邪，栀子豉汤主之，此轻剂也。吐剂同而轻重异，此虚实之分也。"

4.《绛雪园古方选注》："栀子豉汤为轻剂，以吐上焦虚热者也。"

5.《医宗金鉴·订正仲景全书伤寒论注》："若汗吐下后，懊侬少气，呕逆烦满，心中结痛者，皆宜以栀子等汤吐之。"

6.《伤寒来苏集》载："太阳以心胸为里，故用辛甘发散之剂，助心胸之阳而开玄府之表，不得用苦寒之剂，以伤上焦之阳也，所以宜汗而不宜吐。阳明以心胸为表，当用酸苦涌泄之剂，引胃脘之阳而开胸中之表，不当用温散之剂，以伤中宫之津液也，故法当吐而不当汗。阳明当吐而反行汗、下、温针等法，以致心中愦愦、怵惕、懊侬、烦躁、谵语、舌苔等症，然不离阳明之表。太阳当汗而反吐，便见自汗出、不恶寒、饥不能食、朝食暮吐、不欲近衣、欲饮冷食等症，此为太阳转属阳明之表，皆是栀子豉汤证。盖阳明以胃实为里，不特发热、恶寒、汗出、身重、目痛、鼻干为之表，一切虚热，如口苦、咽干、舌苔、喘满、不得卧、消渴而小便不利，凡在胃之外者，悉属阳明之表。但除胃口之热，便解胃家之实，此栀子豉汤为阳明解表之圣剂矣。"

7.《医方考》："汗吐下之后，正气不足，邪气乘虚而结于胸中，故烦热懊侬。烦热者，烦扰而热；懊侬者，懊恼侬闷也……是方也，惟吐无形之虚烦则可，若用之以去实，则非栀子所能宣矣。宣实者，以后方瓜蒂散主之。"

8.《成方便读》："治太阳表证已罢，欲传胃腑，邪入于胸，尚未及于腑者。故用吐法以宣散其邪，所谓在上者因而越之是也。又治伤寒误用汗吐下后，津液重伤，邪乘虚入，因致虚烦不眠，心中结痛等证。"

【配伍分析】

栀子豉汤中栀子为君，苦寒，清心除烦；香豉辛凉，具有升散之性，协同栀子宣泄胸中郁热。二药合用，有清热除烦之效[①]。

方中栀子味苦性寒，泻热除烦，降中有宣；香豉体轻气寒，升散调中，宣中有降。二药相合，共奏清热除烦之功。

【功效主治】

栀子豉汤具有清热除烦的功效。治发汗吐下后，余热郁于胸膈，身热懊憹，虚烦不得眠，胸脘痞闷，按之软而不痛，嘈杂似饥，但不欲食，舌质红，苔微黄，脉数。

【应用分析】

加减法

以栀子豉汤为代表的栀子豉汤类方共有 8 首，分别是栀子豉汤、栀子生姜豉汤、栀子甘草豉汤、栀子厚朴汤、栀子干姜汤、枳实栀子豉汤、栀子柏皮汤及栀子大黄汤。如胃气不和，呕吐者，用栀子生姜豉汤；少气乏力者，用栀子甘草豉汤；脘腹胀满者，用栀子厚朴汤；下后伤及脾胃，或既往脾胃虚寒者，可酌情使用栀子干姜汤；病后劳复，余热因痰、食复燃者，用枳实栀子豉汤，适当加用大黄；湿热黄疸，热重于湿者，可用栀子柏皮汤；有酒黄疸者，可用栀子大黄汤。[②]

① 李经纬，余瀛鳌，蔡景峰，等 . 中医大辞典［M］. 2 版 . 北京：人民卫生出版社，2004.

② 赵世同，王佳，张立山 . 栀子豉汤类方探微［J］. 北京中医药，2016，35（12）：1163-1165.

小结

在经方中，药物味数一般很精简，不超过五味，如栀子豉汤只有两味。时方在此基础上发展，君臣佐使配伍较为完善。在时方中，淡豆豉大多是以臣药或佐药的形式存在。淡豆豉辛而微温，可助君药发散表邪，透热外出，但其辛而不烈，温而不燥，与辛凉药配伍，可增辛散透表之力。淡豆豉作为发酵类药物，可芳香化湿，和胃除烦，在方剂中能很好地辅佐君药发挥药效。

第二节　含淡豆豉的成方制剂

淡豆豉的现代成方制剂大多以银翘散为基础，经过加减制成不同剂型。常用于流行性感冒（流感）、急性咽炎、急性扁桃体炎、麻疹初起，以及流行性乙型脑炎、流行性脑脊髓膜炎、腮腺炎等病初起而见风热表证者。在疫病初期可以起到辅助治疗作用。

一、羚翘解毒颗粒

【处方】

羚羊角 3.75g，金银花 180g，连翘 180g，薄荷 120g，荆芥穗 90g，淡豆豉 75g，牛蒡子（炒）120g，桔梗 120g，淡竹叶 90g，甘草 75g。

【制法】

以上十味，除羚羊角粉碎成极细粉外，薄荷、连翘、荆芥穗提取挥发油，蒸馏后的水溶液另器收集；桔梗、牛蒡子、淡豆豉、甘草加水煎煮两次，第一次 2 小时，第二次 1 小时，滤过，合并滤液；金银花、淡竹叶加水热浸两次，第一次 2 小时，第二次 1 小时，滤过，合并浸出液。将上述药液合并，减压浓缩至相对密度 1.30（50℃）的清膏。取清膏 1 份，加入羚羊角粉，蔗糖粉 3 份，糊精 1 份，制成颗粒，干燥，加入上述薄荷等提取的挥发油，混匀，即得。

【性状】

本品为棕黄色颗粒；味甜、微苦。

【功效主治】

疏风清热，解毒。用于风热感冒，恶寒发热，头晕目眩，咳嗽，咽痛，两腮赤肿。

【规格】

每袋装 10g。

【用法用量】

开水冲服。一次 1 袋，一日 2 ～ 3 次。

【注意事项】

1. 忌烟、酒及辛辣、生冷、油腻食物。

2. 不宜在服药期间同时服用滋补性中成药。

3. 风寒感冒者不适用，其表现为恶寒重，发热轻，无汗，鼻塞流清涕，口不渴，咯吐稀白痰。

4. 有高血压、心脏病、肝病、糖尿病、肾病等慢性病严重者，以及孕妇或正在接受其他治疗的患者，均应在医师指导下服用。

5. 服药三天后，症状无改善，或出现发热、咳嗽加重，并有其他症状如胸闷、心悸等时，应去医院就诊。

二、羚翘解毒丸

【处方】

同羚翘解毒颗粒。

【制法】

以上十味，均粉碎成细粉，过筛，混匀。每 100g 粉末加炼蜜 120 ～ 150g，制成大蜜丸，即得。

【性状】

本品为黑褐色的大蜜丸；气微，味苦、微甜。

【功效主治】

同羚翘解毒颗粒。

【规格】

每丸重 9g。

【用法用量】

口服。一次 1 丸，一日 2 ～ 3 次。

【注意事项】

同羚翘解毒颗粒。

三、羚翘解毒片

【处方】

羚羊角粉 4.9g，金银花 215g，连翘 215g，荆芥穗 215g，薄荷 215g，牛蒡子（炒）144g，淡豆豉 215g，淡竹叶 72g，桔梗 215g，甘草 72g，冰片 64g。

【制法】

以上十一味，除羚羊角粉外，金银花 120g 与桔梗粉碎成细粉；冰片研细；薄荷、荆芥穗提取挥发油，蒸馏后的水溶液另器收集；牛蒡子、淡豆豉、甘草加水煎煮两次，第一次 3 小时，第二次 1 小时，合并煎液，滤过；剩余的金银花、连翘、淡竹叶加水煮沸后，于 80℃温浸两次，第一次 2 小时，第二次 1 小时，合并浸出液，滤过，滤液与上述药液合并，减压浓缩至相对密度 1.35 ~ 1.40（50℃）的稠膏，加入羚羊角粉及金银花、桔梗细粉，混匀，制成颗粒，干燥，放冷。喷加薄荷等提取的挥发油及冰片粉末，混匀，压制成 1000 片，即得。

【性状】

本品为浅棕色至棕色的片；气芳香，味苦、辛。

【功效主治】

辛凉解表，清热解毒。用于外感温邪或风热引起的畏风发热、四肢酸懒、头痛鼻塞、咳嗽咽痛。

【规格】

每片重 0.55g。

【用法用量】

用芦根汤或温开水送服。一次 4 片，一日 2 次。

【注意事项】

同羚翘解毒颗粒。

四、羚羊感冒片

【处方】

羚羊角 3.4g，牛蒡子 109g，淡豆豉 68g，金银花 164g，荆芥 82g，连翘 164g，淡竹叶 82g，桔梗 109g，薄荷素油 0.68mL，甘草 68g。

【制法】

以上十味，羚羊角锉研成细粉；桔梗及金银花 82g 粉碎成细粉，过筛，与羚羊角粉配研，混匀；荆芥、连翘提取挥发油，蒸馏后的水溶液另器保存；药渣与淡竹叶、牛蒡子、甘草、淡豆豉加水煎煮两次，每次 2 小时，合并煎液，滤过，滤液加入上述水溶液，浓缩至适量；剩余金银花热浸两次，每次 2 小时，合并浸出液，滤过，滤液浓缩至适量，与上述浓缩液合并，继续浓缩成稠膏，加入羚羊角、桔梗等细粉及辅料适量，混匀，制成颗粒，干燥；或将合并后的浓缩液喷雾干燥成干膏粉，加入羚羊角、桔梗等细粉及辅料适量，混匀，制成颗粒。喷加薄荷素油及上述挥发油，混匀，压制成 1000 片，包糖衣或薄膜衣，即得。

【性状】

本品为糖衣片或薄膜衣片，除去包衣后，显黄棕色至棕褐色；气香，味甜。

【功效主治】

清热解表。用于流行性感冒，症见发热恶风，头痛头晕，咳嗽，胸闷，咽喉肿痛。

【规格】

片芯重 0.3g。

【用法用量】

口服。一次 4 ～ 6 片，一日 2 次。

五、羚羊感冒胶囊

【处方】

羚羊角 7.5g，牛蒡子 240g，淡豆豉 150g，金银花 360g，荆芥 180g，连翘 360g，淡竹叶 180g，桔梗 240g，薄荷油 15mL（或薄荷脑 0.75g），甘草 150g。

【制法】

以上十味，羚羊角锉研成细粉，桔梗粉碎成细粉；荆芥、连翘提取挥发油后，药渣及药液加入金银花、淡竹叶、淡豆豉、牛蒡子、甘草与水适量煎煮两次，每次 2 小时，合并煎液，滤过，滤液浓缩成稠膏，加入桔梗粉末及辅料适量，混匀，制成颗粒，干燥，粉碎，过筛，喷加薄荷油和荆芥、连翘挥发油的乙醇稀释液，再加入羚羊角细粉，混匀，装入胶囊，制成 1000 粒，即得。

【性状】

本品为胶囊剂，内容物显黄棕色；气香，味凉、先苦而后微甜。

【功效主治】

同羚羊感冒片。

【规格】

每粒装 0.42g。

【用法用量】

口服。一次 2 粒，一日 2～3 次。

六、羚羊感冒口服液

【处方】

羚羊角、牛蒡子、金银花、荆芥、淡竹叶、桔梗、淡豆豉、连翘、薄荷脑、甘草。

【制法】

以上十味，荆芥、连翘蒸馏提取挥发油，蒸馏后的水溶液另器收集；水牛角加水煎煮 3 小时后，再与连翘等两味的药渣及其余淡豆豉等七味加水煎煮两次，每次 2 小时，合并煎液，

滤过，滤液与上述水溶液合并，浓缩至相对密度为 1.20 ～ 1.25
（85℃），放冷，加乙醇使含醇量达 65%，搅匀，静置，取上清
液，回收乙醇，浓缩至适量，与挥发油合并，加入矫味剂，调
节 pH 值至规定范围，加水至 1000mL，混匀，静置，滤过，灌
装，灭菌，即得。

【性状】

本品为棕红色液体；味微苦、辛、微甜。

【功效主治】

清热解表。用于流行性感冒，伤风咳嗽，头晕发热，咽喉
肿痛。

【规格】

每支 10mL。

【用法用量】

口服。每次 10mL，一日 3 次。摇匀服用。

七、时疫清瘟丸

【处方】

羌活 68.2g，白芷 45.6g，荆芥穗 148.8g，防风 45.6g，淡
豆豉 148.8g，川芎 45.6g，薄荷 148.8g，赤芍 45.6g，葛根 90g，
金银花 148.8g，连翘 217.2g，牛蒡子（炒）188.4g，蓼大青叶
90g，黄芩 90g，淡竹叶 139.2g，天花粉 90g，桔梗 217.2g，柴
胡 45.6g，玄参 90g，甘草 73.2g，水牛角浓缩粉 8.2g，牛黄
6.8g，冰片 21.8g。

【制法】

以上二十三味，除水牛角浓缩粉外，牛黄、冰片分别研成
细粉；其余羌活等二十味粉碎成细粉，过筛，混匀，与上述粉

末配研，过筛，混匀。每100g粉末加炼蜜120～140g制成大蜜丸，即得。

【性状】

本品为黑褐色的大蜜丸；气香，味微苦而凉。

【功效主治】

清热透表，散瘟解毒。用于外感时疫瘟毒引起的头痛身痛、恶寒发热、四肢倦怠、喉痛咽干、疹腮红肿。

【规格】

每丸重9g。

【用法用量】

鲜芦根煎汤或温开水送服。一次1～2丸，一日2～3次。

八、桑菊银翘散

【处方】

桑叶60g，菊花60g，金银花60g，连翘60g，川贝母60g，桔梗30g，薄荷40g，淡竹叶40g，荆芥40g，牛蒡子40g，苦杏仁40g，芦根60g，蝉蜕60g，僵蚕30g，滑石60g，绿豆60g，淡豆豉20g，甘草40g。

【制法】

以上十八味，粉碎成细粉，过筛，混匀，即得。

【性状】

本品为黄褐色的粉末；味苦、甜、微涩。

【功效主治】

辛凉透表，宣肺止咳，清热解毒。用于外感风热，憎寒壮热，头痛咳嗽，咽喉肿痛。

【规格】

每袋装 10g。

【用法用量】

口服。一次 10g，一日 2 ～ 3 次。

九、疏风散热胶囊

【处方】

金银花 68.5g，连翘 137g，忍冬藤 68.5g，桔梗 82.2g，薄荷 82.2g，牛蒡子 82.2g，地黄 82.2g，淡竹叶 54.8g，荆芥 54.8g，栀子 54.8g，淡豆豉 68.5g，甘草 68.5g。

【制法】

以上十二味，取桔梗 15g、甘草 15g 混合研细粉备用。薄荷、荆芥、连翘先提取挥发油另器保存，药渣与其余药材水提两次，取滤液浓缩至相对密度 1.30（80℃）的稠膏，放冷，以粉收膏，干燥，粉碎，加入薄荷等提取的挥发油，装胶囊，制成 500 粒，即得。

【性状】

本品为胶囊剂，内容物为黄棕色的粉末；气香，味微苦、微甜。

【功效主治】

清热解毒，疏风散热。用于风热感冒，发热头痛，咳嗽口干，咽喉疼痛。

【规格】

每粒装 0.25g。

【用法用量】

口服。一次 3 ～ 4 粒，一日 3 次。

十、金青感冒颗粒

【处方】

金银花 135g，大青叶 135g，板蓝根 80g，鱼腥草 110g，薄荷 135g，淡豆豉 70g，淡竹叶 70g，陈皮 70g，甘草 70g。

【制法】

以上九味，陈皮、鱼腥草、薄荷提取挥发油后，药渣与其余金银花等六味加水煎煮两次，每次 1.5 小时，合并煎液，滤过，滤液浓缩至适量，加入乙醇使含醇量为 60%，搅匀，静置过夜，滤过，滤液回收乙醇，浓缩至相对密度为 1.34 ～ 1.36（50℃）的清膏。取清膏 1 份，加蔗糖粉 3.5 份与糊精 1.5 份，制成颗粒，干燥，放冷，喷入上述陈皮等挥发油，混匀，即得。

【性状】

本品为黄棕色的颗粒；味甜、微苦，具清凉感。

【功效主治】

辛凉解表，清热解毒。用于感冒发热，头痛咳嗽，咽喉疼痛。

【规格】

每袋装 7g。

【用法用量】

开水冲服。一次 7g，一日 3 次，小儿酌减。

【注意事项】

1. 忌烟、酒及辛辣、生冷、油腻食物。

2. 不宜在服药期间同时服用滋补性中成药。

3. 不适用于风寒感冒，其表现为恶寒重，发热轻，无汗，头痛，鼻塞，流清涕，喉痒咳嗽。

4. 高血压、心脏病、肝病、糖尿病、肾病等慢性病严重者应在医师指导下服用。

5. 服药三天后症状无改善，或症状加重，或出现新的严重症状如胸闷、心悸等，应立即停药，并去医院就诊。

6. 小儿、年老体弱者、孕妇应在医师指导下服用。

7. 脾胃虚寒，症见腹痛、喜暖、泄泻者慎用。

十一、荆菊感冒片

【处方】

荆芥 99g，菊花 66g，桔梗 50g，甘草 33g，淡豆豉（炒）99g，牛蒡子（炒）99g，桑叶 99g，淡竹叶 66g，薄荷 66g，钩藤 99g，金银花 99g，薄荷油 0.18mL，连翘 99g。

【制法】

以上十三味，荆芥、薄荷、甘草、桔梗粉碎成细粉，过筛，与适量辅料混匀；金银花、牛蒡子、淡豆豉、连翘、淡竹叶、桑叶、菊花加水煎煮 2 小时，滤过，药渣中加入钩藤，再加水煎煮 1.5 小时，滤过，合并滤液，浓缩成相对密度为 1.25（80℃）的稠膏，加入上述粉末，混匀，制成颗粒，60℃干燥，喷加薄荷油，混匀，压制成 1000 片，包糖衣，即得。

【性状】

本品为糖衣片，除去糖衣后显草黄色；气香，味微苦。

【功效主治】

疏风清热，发表解肌。用于伤风感冒，身热恶寒，头痛鼻塞。

【规格】

每片重 0.33g。

【用法用量】

口服。每次 4 ～ 6 片，每日 3 次。

十二、抗热镇痉丸

【处方】

天花粉 400g，淡豆豉（炒）800g，玄参 700g，鲜地黄 1600g，板蓝根 900g，金银花 1600g，紫草 400g，连翘 1000g，黄芩 600g，鲜石菖蒲 600g，水牛角浓缩粉 1200g。

【制法】

以上十一味，除鲜地黄、鲜石菖蒲、淡豆豉外，其余天花粉等八味粉碎成细粉，过筛，混匀；鲜地黄、鲜石菖蒲压榨取汁，滤过；淡豆豉粉碎成细粉，制成稀糊，加入上述滤汁，混匀，与粉末泛制成丸，低温干燥，即得。

【性状】

本品为灰黄色的丸；味苦。

【功效主治】

清热解毒。用于湿温暑疫，高热不退，痉厥昏狂，谵语发斑。

【规格】

药丸重 4.5g。

【用法用量】

温开水化服。一次 2 丸，一日 1 ～ 2 次。

【禁忌】

脾虚便溏者忌服本品。

十三、强力感冒片

【处方】

金银花、牛蒡子、连翘、桔梗、薄荷、淡竹叶、荆芥、甘草、淡豆豉、对乙酰氨基酚。

【制法】

以上十味，取部分桔梗粉碎成细粉，过筛；金银花用温浸法提取；薄荷、荆芥用水蒸气蒸馏法提取挥发油，蒸馏后的水溶液另器保存；药渣与连翘、牛蒡子、淡竹叶、甘草及剩余桔梗加水煎煮两次，每次 2 小时，合并煎液，滤过；淡豆豉加水煮沸后，于 80℃温浸两次，每次 2 小时，合并浸出液，滤过。合并以上各药液，浓缩成稠膏，喷雾干燥得浸膏粉，再与桔梗细粉及对乙酰氨基酚混匀，粉碎，过 100 目筛，加辅料适量，制成颗粒，干燥，放冷，喷加薄荷等提取的挥发油，混匀，压制成 1000 片，包糖衣或薄膜衣，即得。

【性状】

本品为糖衣片或薄膜衣片，除去包衣后显浅棕色或棕褐色；气香，味苦、辛。

【功效主治】

辛凉解表，清热解毒，解热镇痛。用于伤风感冒，发热头痛，口干咳嗽，咽喉疼痛。

【用法用量】

口服。一次 2 片，一日 2～3 次。

十四、小儿豉翘清热颗粒

【处方】

连翘、淡豆豉、薄荷、荆芥、栀子（炒）、大黄、青蒿、赤芍、槟榔、厚朴、黄芩、半夏、柴胡、甘草。

【制法】

以上十四味，薄荷、连翘、荆芥提取挥发油，蒸馏后的水溶液另器收集；其余十一味加水煎煮两次，第一次 2 小时，第二次 1 小时，滤过，减压浓缩至相对密度 1.30（50℃）的清膏。取清膏 1 份，加入蔗糖粉 3 份，糊精 1 份，制成颗粒，干燥，加入上述薄荷等挥发油，混匀，即得。

【性状】

本品为淡黄色至棕褐色的颗粒；味甘，微苦。

【功效主治】

疏风解表，清热导滞。用于小儿风热感冒夹滞证，症见发热咳嗽，鼻塞流涕，咽红肿痛，纳呆口渴，脘腹胀满，便秘或大便酸臭，溲黄。

【临床研究】

韩登高等发现，小儿豉翘清热颗粒治疗病毒性上呼吸道感染患儿发热（风热夹滞证）效果显著，可更快退热，促使患儿症状尽早改善，且用药安全性高。

【规格】

（1）每袋装 2g；（2）每袋装 2g（无蔗糖）；（3）每袋装 4g；（4）每袋装 4g（无蔗糖）。

【用法用量】

开水冲服。6 个月至 1 岁：一次 1～2g；1 至 3 岁：一次

2～3g；4至6岁：一次3～4g；7至9岁：一次4～5g；10
岁以上：一次6g。一日3次。

十五、维C银翘片

【处方】

山银花180g，连翘180g，荆芥72g，淡豆豉90g，淡竹叶
72g，牛蒡子108g，芦根108g，桔梗108g，甘草90g，马来酸
氯苯那敏1.05g，对乙酰氨基酚105g，维生素C 49.5g，薄荷素
油1.08mL。

【制法】

以上十三味，连翘、荆芥、山银花提取挥发油，药渣与淡
竹叶、淡豆豉、芦根、桔梗、甘草加水煎煮两次，每次2小时，
滤过，合并滤液；牛蒡子用60%乙醇加热回流提取两次，每次
4小时，滤过，合并滤液，回收乙醇，加入石蜡使溶解，冷却至
石蜡浮于液面，除去石蜡层。合并上述药液，浓缩至适量，干
燥成干膏粉，与适量的辅料制成颗粒，加入上述挥发油及薄荷
素油混匀；对乙酰氨基酚、马来酸氯苯那敏和维生素C与适量
的辅料混匀，制成颗粒，与上述颗粒压制成1000片（双层片），
包薄膜衣。或合并上述药液，浓缩成稠膏，加入适量的辅料，
干燥，粉碎，干浸膏粉与对乙酰氨基酚、马来酸氯苯那敏混匀，
制成颗粒，加入上述挥发油及薄荷素油，混匀，与维生素C压
制成1000片（夹心片或多层片），包糖衣或薄膜衣；或干浸膏
粉与对乙酰氨基酚及用辅料包膜制成的维生素C微粒混匀，制
成颗粒，干燥，加入马来酸氯苯那敏，混匀，加入上述挥发油
及薄荷素油，压制成1000片，包糖衣或薄膜衣，即得。

【性状】

本品为糖衣片或薄膜衣片，除去包衣后显灰褐色层与白色层，或显灰褐色，夹杂有少许白点；气微，味微苦。

【功效主治】

疏风解表，清热解毒。用于外感风热所致的流行性感冒，症见发热，头痛，咳嗽，口干，咽喉疼痛。

【规格】

每片含维生素 C 49.5mg、对乙酰氨基酚 105mg、马来酸氯苯那敏 1.05mg。

【用法用量】

口服。一次 2 片，一日 3 次。

【不良反应】

可见困倦、嗜睡、口渴、虚弱感；偶见皮疹、荨麻疹、药物热及粒细胞减少；长期大量用药会导致肝肾功能异常。

【注意事项】

1. 忌烟及辛辣、生冷、油腻食物。

2. 不宜在服药期间同时服用滋补性中成药。

3. 不适用于风寒感冒，表现为恶寒明显，无汗，头痛身酸，鼻塞流清涕。

4. 本品含马来酸氯苯那敏、对乙酰氨基酚、维生素 C。服用本品期间不得饮酒或含有酒精的饮料；不能同时服用与本品成分相似的其他抗感冒药；肝、肾功能不全者慎用；膀胱颈梗阻、甲状腺功能亢进、青光眼、高血压和前列腺肥大者慎用；孕妇及哺乳期妇女慎用；服药期间不得驾驶机、车、船，不得从事高空作业、机械作业及操作精密仪器。

5. 与其他解热镇痛药并用，有增加肾毒性的危险。

十六、银翘伤风胶囊

【处方】

山银花 132g，连翘 132g，牛蒡子 79g，桔梗 79g，芦根 79g，薄荷 79g，淡豆豉 66g，甘草 66g，淡竹叶 53g，荆芥 53g，人工牛黄 5g。

【制法】

以上十一味，荆芥、薄荷及连翘 66g 提取挥发油，药渣与淡竹叶、芦根、牛蒡子、山银花、淡豆豉加水煎煮两次，每次 2 小时，滤过，合并滤液，浓缩成稠膏。桔梗、甘草及剩余的连翘粉碎成细粉，与稠膏混匀，干燥，粉碎，配研加入人工牛黄，过筛，混匀，再喷入薄荷等提取的挥发油，混匀，装入胶囊，制成 1000 粒，即得。

【性状】

本品为硬胶囊，内容物为黄褐色至棕褐色的粉末；气芳香，味苦、辛。

【功效主治】

疏风解表，清热解毒。用于外感风热，温病初起，发热恶寒，口渴，头痛目赤，咽喉肿痛。

【规格】

每粒装 0.3g。

【用法用量】

口服。一次 4 粒，一日 3 次。

十七、银翘合剂

【处方】

金银花 80g，连翘 80g，薄荷 48g，荆芥 32g，淡豆豉 40g，牛蒡子 48g，桔梗 48g，淡竹叶 32g，芦根 80g，甘草 32g。

【制法】

以上十味，淡豆豉加水温浸（50℃）两次，每次 2 小时，合并浸液，滤过，滤液浓缩至适量，备用；薄荷、连翘、荆芥分别蒸馏提取挥发油，蒸馏后的水溶液另器保存备用；药渣与其余金银花等六味加水煎煮两次，每次 2 小时，合并煎液，滤过，滤液与上述备用液合并，浓缩至适量，放冷，加乙醇至含醇量约为 65%，静置 24 小时，滤过，滤液回收乙醇，浓缩至适量，加单糖浆 350mL、苯甲酸钠 3g，加入上述挥发油（溶于 6 倍量的聚山梨酯 80 中），再加水至 1000mL，搅匀，即得。

【性状】

本品为红棕色的液体；味甜、微苦。

【功效主治】

辛凉解表，清热解毒。用于风热感冒，发热头痛，咳嗽口干，咽喉疼痛。

【规格】

每瓶装:（1）100mL;（2）120mL。

【用法用量】

口服。一次 10mL，一日 2 ～ 3 次。

十八、加味银翘片

【处方】

金银花 80g，连翘 160g，忍冬藤 80g，桔梗 100g，甘草 80g，地黄 100g，淡豆豉 80g，牛蒡子 100g，淡竹叶 65g，荆芥 65g，栀子 65g，薄荷 100g。

【制法】

以上十二味，地黄、桔梗粉碎成细粉，过筛，混匀；连翘、荆芥、薄荷提取挥发油，蒸馏后的水溶液另器收集；牛蒡子用 60% 乙醇加热回流提取两次，合并提取液，滤过，回收乙醇；其余金银花等六味与上述药渣加水煎煮两次，合并煎液，滤过，滤液与牛蒡子乙醇提取液、蒸馏后的水溶液合并，浓缩成稠膏，与上述粉末混匀，干燥，粉碎，制成颗粒，喷入挥发油，混匀，压制成 400 片，即得。

【性状】

本品为淡棕褐色的片；气香，味苦、辛。

【功效主治】

辛凉透表，清热解毒。用于外感风热，发热头痛，咳嗽，口干，咽喉疼痛。

【规格】

每片重 0.6g。

【用法用量】

口服。一次 4 片，一日 2 ～ 3 次。

十九、银翘解毒片

【处方】

金银花 200g，连翘 200g，薄荷 120g，荆芥 80g，淡豆豉 100g，牛蒡子（炒）120g，桔梗 120g，淡竹叶 80g，甘草 100g。

【制法】

以上九味，金银花、桔梗分别粉碎成细粉，过筛；薄荷、荆芥提取挥发油，蒸馏后的水溶液另器收集；药渣与连翘、牛蒡子、淡竹叶、甘草加水煎煮两次，每次 2 小时，滤过，合并滤液；淡豆豉加水煮沸后，于 80℃温浸两次，每次 2 小时，合并浸出液，滤过。合并以上各药液，浓缩成稠膏，加入金银花、桔梗细粉及淀粉或滑石粉适量，混匀，制成颗粒，干燥，放冷，加入硬脂酸镁，喷加薄荷、荆芥挥发油，混匀，压制成 1000 片，或包薄膜衣，即得。

【性状】

本品为浅棕色至棕褐色的片或薄膜衣片，除去包衣后显浅棕色至棕褐色；气芳香，味苦、辛。

【功效主治】

疏风解表，清热解毒。用于风热感冒，症见发热头痛，咳嗽口干，咽喉疼痛。

【规格】

（1）素片：每片重 0.5g；（2）薄膜衣片：每片重 0.52g。

【用法用量】

口服。一次 4 片，一日 2～3 次。

二十、银翘解毒软胶囊

【处方】

金银花 400g，连翘 400g，薄荷 240g，荆芥 160g，淡豆豉 200g，牛蒡子（炒）240g，桔梗 240g，淡竹叶 160g，甘草 200g。

【制法】

以上九味，金银花加 80% 乙醇回流提取两次，每次 1 小时，滤过，合并滤液，回收乙醇，浓缩至相对密度为 1.28 ～ 1.30（80℃）的稠膏；淡豆豉加水煮沸后，于 80℃温浸两次，每次 2 小时，滤过，合并滤液，备用；薄荷、荆芥、连翘提取挥发油，蒸馏后的水溶液另器收集；药渣与牛蒡子、淡竹叶、甘草、桔梗加水煎煮两次，每次 2 小时，滤过，合并滤液；合并以上药液，浓缩至相对密度为 1.18 ～ 1.20（80℃）的清膏，离心，上清液浓缩至相对密度为 1.28 ～ 1.30（80℃）的稠膏，与金银花稠膏合并，减压干燥，粉碎成细粉，加入挥发油与适量大豆油及辅料，混匀，过筛，压制成软胶囊 1000 粒，即得。

【性状】

本品为软胶囊，内容物为棕褐色油膏状物；气香，味苦。

【功效主治】

同银翘解毒片。

【规格】

每粒装 0.45g。

【用法用量】

口服。一次 2 粒，一日 3 次。

二十一、银翘解毒丸（浓缩蜜丸）

【处方】

同银翘解毒片。

【制法】

以上九味，金银花、桔梗粉碎成细粉；薄荷、荆芥提取挥发油，蒸馏后的水溶液另器收集；药渣与其余连翘等五味加水煎煮两次，每次2小时，滤过，合并滤液；滤液与上述水溶液合并，浓缩成稠膏，加入金银花、桔梗细粉，混匀，干燥，粉碎成细粉，喷加薄荷、荆芥挥发油，混匀。每100g粉末加炼蜜80～90g制成浓缩蜜丸，即得。

【性状】

本品为棕褐色的浓缩蜜丸；气芳香，味微甜而苦、辛。

【功效主治】

同银翘解毒片。

【规格】

每丸重3g。

【用法用量】

用芦根汤或温开水送服。一次1丸，一日2～3次。

二十二、银翘解毒胶囊

【处方】

同银翘解毒片。

【制法】

以上九味，金银花、桔梗分别粉碎成细粉；薄荷、荆芥提取挥发油，蒸馏后的水溶液另器收集；药渣与连翘、牛蒡子、淡竹叶、甘草加水煎煮两次，每次 2 小时，合并煎液，滤过，滤液备用；淡豆豉加水煮沸后，于 80℃温浸两次，每次 2 小时，合并浸出液，滤过，滤液与上述滤液及蒸馏后的水溶液合并，浓缩成稠膏，加入金银花、桔梗细粉，混匀，制成颗粒，干燥，放冷，喷加薄荷等挥发油，混匀，装入胶囊，制成 1000 粒，即得。

【性状】

本品为硬胶囊，内容物为浅棕色至棕褐色的颗粒和粉末；气芳香，味苦、辛。

【功效主治】

同银翘解毒片。

【规格】

每粒装 0.4g。

【用法用量】

口服。一次 4 粒，一日 2 ～ 3 次。

小结

本节共整理出 22 种含淡豆豉的成方制剂，从处方、制法、性状、功效主治、规格、用法用量、注意事项等方面进行归纳。通过阅读本节，可使读者了解淡豆豉的现代配伍情况。结果表明，淡豆豉古今用法较为一致，现代方剂多为在银翘散、连朴饮的基础上增加几味药而来。淡豆豉临床应用也较为广泛，与其他药物配伍常见用于治疗感冒、痢疾及恶疮等疾病。

淡豆豉医案精选

医案是中医理、法、方、药共同运用的综合体，记录了对患者灵活的治疗过程，反映了不同医家的思路和风格。本章选取了吴鞠通、叶天士、丁甘仁、蒲辅周、王旭高、赵绍琴等古代和近现代部分中医大家的临证医案医话，汇集了淡豆豉运用的临床经验。这些医案的记述，或翔实丰富，或寥寥数语，均可在淡豆豉的临床使用方面对后人有所启迪。

一、感冒

【案一】

方某，4岁。

初诊：7月24日，体温39.5℃。沐浴汗出，玄府方开，当风纳凉，邪从腠理袭入，郁蒸化热，纤毫无汗，脉数神烦。治当清暑解肌，冀其汗畅乃吉。

处方：细香薷一钱，鲜藿梗五钱，薄荷一钱（后入），桑叶一钱半，鲜佩兰五钱，连翘二钱，豆豉二钱，豆卷二钱，六一散四钱（包），荆芥一钱半，炒扁豆二钱。二剂。

二诊：7月26日，体温37.2℃。发越阳气以散蒸热，汗畅热退，烦躁已安，正《内经》所称"体若燔炭，汗出而散"之谓也，原法出入，以冀廓清。

处方：炒扁豆二钱，鲜佩兰四钱，鲜藿梗四钱，豆卷二钱，碧玉散四钱（包），茯苓二钱，广陈皮一钱，鲜荷梗尺许（去刺）。二剂。

（奚伯初.奚伯初中医儿科医案［M］.奚竹君，梅佳音，整理.上海：上海科学技术出版社，2015.）

【案二】

某。

初诊：外感风邪，夹食滞淆乱清浊，发热腹痛，大便泄泻。凡外来之邪，必须开泄，令邪从表解，则食滞自消。脉来浮弦而滑。治宜泄邪导滞，升清降浊。

处方：煨葛根二钱，嫩桔梗一钱，江枳壳一钱，冬桑叶一钱，生甘草五分，赤茯苓三钱，淡豆豉三钱，广陈皮一钱，六神曲三钱，车前子一钱，冬瓜子四钱，焦谷芽四钱，荷叶一角。

（巢崇山，等.孟河四家医案医话集［M］.鲁瑛，梁宝祥，李殿义，等校注.太原：山西科学技术出版社，2009.）

【案三】

张某，女，20岁。

初诊：1977年2月7日诊。病起四日，外感风热，咳嗽音哑，畏寒发热无汗，脉浮，苔薄黄，治拟疏散风热，用银翘散加减。

处方：银花四钱，连翘三钱，桔梗一钱半，生甘草一钱，牛蒡子三钱，荆芥二钱，淡豆豉三钱，薄荷一钱半，全瓜蒌六钱（仁打），蝉衣二钱，浙贝三钱，黑山栀三钱。三剂。

2月12日路遇患者，喜告病已获愈。

（连建伟.连建伟手书医案［M］.北京：中国中医药出版社，2017.）

【案四】

丁某，男，13岁。

初诊：1966年8月18日。夏令乘凉感冒已4～5日，发热身痛，无汗，鼻塞声重，咳嗽少痰，胸闷脘满，胃纳不香，尿少色黄，大便调。舌苔薄白，脉象濡数。辨证为夏令乘凉，外感寒湿，内伤于暑，是暑病兼外感。治宜祛暑解表，宣肺利湿。拟薷杏汤加减治之。

处方：香薷2.4g，炒杏仁9g，连翘9g，栀子4.5g，豆豉4.5g，桔梗4.5g，秦艽6g，青蒿9g，六一散9g。水煎服。

服药二剂痊愈。

夏令外感，暑多夹风夹湿，见症较为夹杂。邪从鼻入，必先犯肺，肺失宣降，气反上逆，故而作咳胸闷；卫气不和，故发热身痛无汗，鼻塞声重；湿犯中焦，胃失和降，故脘闷呕恶，纳食不香。初期邪在卫分，临床治疗当分别湿多热多，视其兼症，辨证施治。一般暑令寒湿在表，应以薷杏汤宣肺利湿，然本例患者表有寒湿，里有邪热，应宣肺清里并治，故以薷杏汤与栀子豉汤合法加减，上开肺气，下通水道，使寒湿得化，里热也清，药后痊愈。

（吴少怀.吴少怀医案［M］.王允升，张吉人，魏玉英，整理.济南：山东科学技术出版社，1983.）

【案五】

某，21岁。

初诊：风邪外袭肺卫，畏风发热，咳嗽脘闷。当用两和表里。

处方：淡豆豉一钱半，苏梗一钱，杏仁三钱，桔梗一钱半，连翘一钱半，通草一钱。

（秦伯未.清代名医医案精华［M］.上海：上海卫生出版社，1958.）

【案六】

周某，女，50 岁。

初诊：1987 年 3 月 25 日。身热头痛，体温 38.3℃，微恶风寒，无汗咳嗽，咽红且痛，口微渴，舌边尖红，苔薄白，两脉浮数。风温之邪，侵袭肺卫，用辛凉疏卫方法，以宣肺退热。饮食当慎，荤腥宜忌。

处方：薄荷 1.5g（后下），前胡 6g，浙贝 12g，桑叶 9g，银花 9g，连翘 15g，淡豆豉 9g，炒牛蒡子 3g，芦根 30g。二剂。

二诊：药后小汗出而头痛身热皆止，体温 37℃，咳嗽有痰，咽红，已不痛，口干，舌苔白而尖红，脉象已变弦滑。风热已解，肺热留恋，再以清解肃化法。

处方：薄荷 1.5g（后下），前胡 3g，黄芩 9g，杏仁 9g，芦根、茅根各 30g，焦三仙各 9g。二剂。

药后诸恙皆安。

患者发热恶寒，头痛无汗，表证悉具，与风寒无异。惟其咽红且痛，即可定为温邪。若为风寒之邪，咽必不红。以此为辨，则寒温立判。况又有口微渴、舌边尖红、脉浮数为佐证，其为风温犯肺无疑。故投以辛凉平剂，疏卫达邪。药后得汗而热退。再以清宣，以泄余热。观此案可知叶氏"在卫汗之可也"之心法，汗之并非发汗，而是轻宣疏卫，卫分开则自然微微汗出而邪自外泄。

（赵绍琴.赵绍琴［M］.2 版.北京：中国医药科技出版社，

2010.）

【案七】

施某，女，9岁。

初诊：外感发热，体温 39.5℃，咳嗽咽痛，便通溲赤，舌红苔薄，脉象浮数。病属风热，治以辛凉疏解。

处方：淡豆豉 9g，黑山栀 9g，连翘 9g，荆芥 4.5g，桑叶 9g，鸡苏散 9g(包)，带叶苏梗 4.5g，前胡 4.5g，桔梗 3g。二剂。

二诊：邪化热退，咳嗽尚多，咽喉作痒，舌润苔薄。兹拟宣肺止咳。

处方：橘红 4.5g，姜半夏 9g，紫菀 6g，百部 9g，杏仁 6g，桔梗 3g，生甘草 2.4g，象贝 6g，白前 4.5g。

二剂而愈。

风热感冒，应以辛凉解表，主用桑菊饮、银翘散。该两方被称为辛凉轻剂与平剂，虽前者偏于清解，后者稍重温散，然就其清热解毒而言，殊无轩轻之别。临床之际，往往两方加减而施。本例即是如此，二诊而安。

（董廷瑶.董廷瑶医案［M］.邓嘉成，王霞芳，整理.上海：上海科学技术出版社，2003.）

二、发热

【案一】

翟某，男，7岁。

初诊：三天前有感冒症状，不以为意，旋即参加学校秋季旅行，时在 9 月中旬。旅行归来，当夜病情加重，体温 38℃，头痛、恶寒、恶心，由中医治疗，认为感冒，服药二剂，病势未减，热度继续增高，上午体温 38.5℃，下午体温 40℃，即往某儿童医院就诊，诊断为肠伤寒，注射并服西药后，症状有增无已，转而神昏谵语（夜间尤甚），小便短赤，大便干燥，呕吐黄水，两眼蒙眬，于清醒时则诉四肢麻木，腹痛口干。于是中西药并进，有云流感者，有云秋温者，有云停食受凉者。患儿已八日未大便，神昏谵语更形加重，家人惶惶，乃来求诊。舌苔黄厚垢腻，舌尖红，六脉劲而有力，略见徐缓。

处方：鲜佩兰 10g，鲜苇根 30g，淡豆豉 12g，鲜生地 18g，鲜茅根 18g，山栀衣 6g，白杏仁 6g，条黄芩 6g，霜桑叶 6g，苦桔梗 5g，川雅连 3g，嫩桑枝 24g，生内金 10g，黑芥穗 6g，赤芍药 6g，炒枳壳 3g，鲜薄荷 6g，紫雪散 3g（分两次冲服）。

二诊：药服三剂，体温降至 37.7℃ 至 38℃ 之间，神识已清，大便已通，头痛、呕吐均亦停止，惟诉疲倦无力，自觉饥饿求食，家人遵嘱，只给流质饮食及鲜果汁，面目神情灵活，脉象无大改变。舌苔减退变薄，恙势已有渐退之象，正气似有恢复之兆。

处方：原方去紫雪散、薄荷，苇根改为 18g，茅根改为 12g，加原皮洋参 5g（另炖浓汁兑服）。局方至宝丹 2 丸，每服半丸，日二次。

（祝湛予，等．施今墨临床经验集［M］．北京：人民卫生出版社，1982．）

【案二】

刘某，男，51 岁。

初诊：1965 年 6 月 3 日。前日突然头晕项强，全身关节痛，食少腹泻，继而泻止，午后高烧，体温 39.5℃ 已两日。背微恶寒，有汗，口苦，咽痛，心中懊憹，胃呆纳少，五心烦热，渴不多饮，全身酸痛，睡眠不安。舌苔薄黄，质红，脉弦数有力。

辨证为体虚外感，邪失宣透，上涌膈间，下迫大肠，泻后心中懊恼，病邪半犹在膈上。拟青蒿栀豉汤加味。

处方：青蒿 6g，地骨皮 9g，连翘 9g，薄荷 3g，炒山栀 4.5g，淡豆豉 3g，赤芍 9g，桔梗 6g，杏仁 9g，竹茹 9g，花粉 9g，生甘草 3g。水煎服。

二诊：服药二剂，热退身和，二便调，咽痛已愈，惟胃纳欠佳，睡眠不多，舌苔白，脉细缓。再以二陈汤加味调中和胃，调理善后。

发热，临床多见，但其病机不外阳盛与阴虚两大方面，治宜补其不足，泻其有余。《素问》记载："小热凉以和之，大热寒以取之，实热下以折之，虚热温以从之，假热求其属而衰之。"一般外感高热易治，内伤低热难疗。而且低热临床表现比较复杂，气虚、血虚、气血两虚、阴虚、阴寒、湿热、肝胃不和等，均可出现低烧。主要掌握"伏其所主，先其所因"的关键，再加审证精细，用药得宜，配伍灵活，因而疗效显著，绝非一见发热即用寒凉退之。特别是低热，偏虚者多，偏实者少，误用寒凉必伤清阳，本病未除，复添新症，必难取效。本例温热上涌膈间，下迫大肠，泻后高烧，背微恶寒，心中懊恼，五心烦热，口苦咽痛，睡眠不安，是温邪仍在膈上，故以山栀、豆豉涌越其重上之邪，加青蒿、地骨皮以清虚热，桔梗、杏仁宣泄胸肺，薄荷、连翘、赤芍轻宣上焦，竹茹和胃降逆，行气布津，复因泄泻伤及气阴，故加甘草以益胸中之阳，花粉以益脾胃之阴。

（吴少怀.吴少怀医案［M］.王允升，张吉人，魏玉英，整理.济南：山东科学技术出版社，1983.）

【案三】

桑某，男，56岁。

肺结核史，近两年来，每遇冬季易发咳嗽，本次因外出施工淋雨受寒，旋即恶寒、发热、无汗、咽痛、咳嗽，迁延半月，症状加剧，伴周身骨节酸楚、胸痛、咽痒而燥、口干而不欲饮、纳差、大便干燥，曾以银翘散加味治之，热不减，因体温高达39.6℃，而于1985年2月7日前来门诊。

初诊：恶寒发热，无汗，咽痛而咳，且有周身骨节酸楚，口干不欲饮，纳差，面赤神清，呼吸气粗，舌红苔白腻，中微黄，脉细滑数。寒湿侵袭肌肤，蕴而化热。治以散寒祛湿，方用羌活胜湿汤加减。

处方：羌活9g，独活9g，荆芥9g，防风9g，杏仁9g，苡仁9g，藁本9g，桂枝2.4g，豆豉9g，蔻仁3g，川芎3g，银花9g，连翘9g，甘草3g。七帖。

二诊：服药一剂，头面微微汗出，头重减，热渐退，腻苔小化，续进之，体温已降为37.6℃。外受之寒湿已解，蕴遏之湿浊未清，症见胸闷口苦，便溏纳呆，咳嗽，咯黄黏稠痰，舌红苔腻，脉滑。治以清化湿热，三仁合连朴饮加减。

处方：杏仁9g，苡仁9g，蔻仁（后入）3g，半夏9g，朴花4.5g，黄芩9g，黄连3g，桑白皮9g，紫菀9g，款冬9g，炙百部9g，桔梗4.5g，枳壳4.5g，青蒿9g。二帖后即热净神爽。

（胡泉林，王宇锋．颜德馨医案医话集［M］．北京：中国中医药出版社，2010.）

三、暑温、湿温

【案一】

王某，38岁。

初诊：癸亥六月初三日。暑温，舌苔满布，色微黄，脉洪弦而刚甚，左反大于右，不渴。初起即现此等脉症，恐下焦精血之热远甚于上焦气分之热也，且旧有血溢，故手心之热又甚于手背。究竟初起，且清上焦，然不可不先知其所以然。

处方：连翘二钱，豆豉一钱半，细生地一钱半，丹皮二钱，银花二钱，生甘草一钱，藿梗一钱，元参一钱半，薄荷三分，牛蒡子一钱半，白茅根二钱，麦冬二钱，苦桔梗一钱。

二诊：初六日。热退大半，胸痞，腹中自觉不和。按暑必夹湿，热退湿存之故，先清气分。

处方：连翘二钱，豆豉二钱，杏仁泥二钱，银花一钱半，生薏仁三钱，白扁豆二钱，藿梗三钱，白通草八分，郁金二钱，滑石一钱半。日二帖。

三诊：初七日。病退，六腑不和。

处方：藿梗三钱，郁金一钱，半夏二钱，厚朴二钱，豆豉二钱，生薏仁三钱，广皮炭一钱，滑石三钱。

四诊：初八日。向有失血，又届暑病之后，五心发热，法当补阴以配阳，但脉双弦而细，不惟阴不充足，即真阳亦未见其旺也。议二甲复脉汤，仍用旧有之桂、参、姜、枣。

处方：炒白芍四钱，阿胶二钱，麦冬三钱，麻仁二钱，炙甘草五钱，生鳖甲五钱，沙参三钱，大生地四钱，生牡蛎五钱，桂枝二钱，大枣二个，生姜二片。又丸方：八仙长寿丸加麻仁、白芍，蜜丸，每日三服，每服三钱。

（吴鞠通.吴鞠通医案［M］.焦振廉，等校释.上海：上海浦江教育出版社有限公司，2013.）

【案二】

李某，女，7岁。

初诊：暑温，暑邪化热。身热七天不退，微咳有痰，喜睡。

脉细数，舌质红，苔浮黄。宜芳香化浊，清暑利湿。

处方：栀子皮6g（炒），冬瓜子9g（杵），淡豆豉15g（炒香），焦苡米9g，扁豆衣9g，炒青蒿9g，净银花6g，净连翘9g，光杏仁6g（杵），白蔻仁6g（杵），粉丹皮6g（水炒），鲜佩兰6g（后下），益元散9g（薄荷叶包刺孔）。

佩兰、豆豉芳香化浊，栀子、丹皮清三焦热，冬瓜子、杏仁润肺化痰、止咳，银花、连翘清热解毒，焦苡米、扁豆衣、白蔻仁健脾利湿，益元散清暑利湿，青蒿清虚热。

二诊：身热见退，无力喜睡。脉细，舌质红，苔浮黄腻。

处方：前方去冬瓜子、炒青蒿、粉丹皮，加广郁金3g，陈皮丝6g。

三诊：又三剂后，身热见退，乍热乍凉，白痦时发。脉细数，舌质红，苔微白。

处方：前方去广郁金、扁豆衣、陈皮丝，加粉丹皮6g、鲜荷梗6g升清益元，鲜芦根30g（去节）清热，又服三剂，已告痊愈。

（罗和古，等.儿科医案［M］.北京：中国医药科技出版社，2004.）

【案三】

邢某，男，21岁。

初诊：身热八日未退，头晕胸闷，腰际酸楚乏力，大便黏腻不爽，因导而下，临圊腹痛，脘痞，嗳噫不舒，小溲色黄不畅，舌白苔腻，脉象沉缓而濡。暑热湿滞互阻不化，湿温已成。先用芳香宣化、苦甘泄热方法。

处方：鲜佩兰10g，鲜藿香10g，大豆卷10g，炒山栀10g，苦杏仁10g，法半夏10g，陈皮6g，姜竹茹6g，白蔻仁2g（研冲）。二剂。

二诊：药后身热渐退，头晕胸闷渐减，腰酸已减而未除，腹痛未作，大便如常，时有嗳噫，舌仍白腻，脉来沉濡。汗泄已至胸腹，此湿温邪有渐化之机，病已十日，得此转机，势将热减湿化，仍拟芳化湿郁，兼调气机，饮食当慎。

处方：藿苏梗各 6g，佩兰叶 10g，淡豆豉 10g，炒山栀 6g，前胡 6g，苦杏仁 10g，半夏曲 10g，新会皮 6g，焦麦芽 10g，鸡内金 10g。二剂。

三诊：身热渐退。昨日食荤之后，今晨热势转增，大便二日未通，小溲色黄。舌苔根厚黄腻，脉象两关独滑。此湿温虽有转机，却因食复增重，当防其逆转为要。再以栀子豉汤增损。

处方：淡豆豉 10g，炒山栀 6g，前胡 6g，苦杏仁 10g，枇杷叶 10g，保和丸 15g（布包入煎），焦麦芽 10g，炒莱菔子 10g，枳壳 10g，白蔻仁 2g（研冲）。二剂。

四诊：药后大便畅通，身热略减，体温仍高，38.5℃，舌苔渐化，根部仍厚，脉象两关滑势已退，自觉胸中满闷大轻，小溲渐畅。湿温有渐解之机，积滞化而未楚，仍须清化湿热积滞，少佐清宣，希图 21 日热退为吉。饮食寒暖，诸宜小心。

处方：淡豆豉 10g，炒山栀 6g，杏仁 10g，前胡 6g，厚朴6g，新会皮 6g，白蔻仁 3g，炒苡米 10g，方通草 2g，焦三仙各10g。二剂。

五诊：身热已退净，皮肤微似汗出，津津濡润，已遍及两足，两手脉象沉滑力弱，舌苔已化净，二便如常。湿温重症，三周热退，是为上吉，定要节饮食，慎起居，防其再变。

处方：白蒺藜 10g，粉丹皮 10g，香青蒿 5g，大豆卷 10g，炒山栀 5g，制厚朴 6g，川黄连 3g，竹茹 6g，炙杷叶 10g，保和丸 15g（布包），半夏曲 10g，鸡内金 6g。三剂。

药后身热未作，食眠二便如常，停药慎食，调养两周而愈。

湿温病湿与热合，如油入面，难解难分。故其病程较长，发热持续难退。治当芳香宣化，宣展气机，分消湿热之邪，使气机畅，三焦通，内外上下宣通，乃得周身汗出而解。且汗出必得周匝于身，从头至足，遍体微汗，是气机宣畅，腠理疏通之征，如此则热必应时而退。按七日为一候，热退必在满候时日，如二候十四日、三候二十一日、四候二十八日等。此等规律皆从实践中来。此案初诊后已有转机。本当十四日退热，因患者不慎口味，致食复热增，遂用仲景治食复法，于宣化方中，合入栀子豉汤为治，并增入消导积滞保和丸、莱菔子、焦麦芽等，食滞一去，则湿热之邪无所依附矣。故凡湿温之病（不独湿温）极当慎饮食、节口味，肥甘助湿，辛辣增热，皆当忌之。否则，虽用药精良，亦不能效也。

（彭建中，杨连柱.赵绍琴临证验案精选［M］.北京：学苑出版社，1996.）

【案四】

倪某，男，37 岁。

初诊：湿温经月甫愈，两天来陡然低热口干，心烦且渴，一身乏力，中脘闷满堵塞不舒，时时泛恶，纳谷不馨，舌红苔腻，两脉濡数无力。病似湿温劳复，余热尚未清除，故低烧不重，疲乏无力，胃不思纳，时时欲恶，用清热生津、益气和胃法。

处方：竹叶 3g，生石膏 12g，北沙参 15g，半夏 9g，麦门冬 9g，淡豆豉 9g，山栀 3g，生甘草 3g。二剂。

二诊：低热未作，体温 36.5℃，口渴心烦已止，纳谷渐香，

仍觉脘闷，湿温初愈，余热留恋，清气热少佐补正，化湿郁以
开其胃。以饮食为消息。生冷甜黏皆忌。

处方：竹叶茹各 3g，生石膏 9g，沙参 9g，杏仁 9g，半夏 9g，
淡豆豉 9g，茯苓 9g，白蔻仁末 0.3g（分冲），鸡内金 9g。二帖。

三诊：连服清气开胃之药，低热退而乏力减，中脘堵闷也
轻，饮食二便如常。湿温甫愈，正气未复，仍需休息二周，防
其劳复。

湿温初愈，因劳作复发，致低热，烦渴，乏力，纳呆，是
余热未尽，正气不足，故取竹叶石膏汤法，清热生津，益气和
胃。凡温证初愈，须防劳复、食复。若过劳，或饮食不慎，过
食或早进肉食，皆可致复热，或高或低，迁延难退。必用清余
热、和胃气法，令胃和则愈。故此案二诊即加用开胃消导之品，
化其湿消其滞，则余热不复久留矣。

（马健，等 . 温病学［M］. 2 版 . 上海：上海科学技术出版
社，2012.）

【案五】

李某，女，13 岁。

初诊：感受暑邪十余天，化热而致。发热，头晕头痛，胸
闷腹痛，纳呆便燥，溲黄。脉细弦，舌质红，苔浮黄腻。治宜
芳香化浊，清暑利湿。

处方：鲜佩兰 6g（后下），淡豆豉 6g，炒栀子 4g，苏梗
6g，蔻仁 6g，杭甘菊 4g，川通草 3g，光杏仁 9g，山楂炭 5g，
焦建曲 6g，焦苡米 12g，益元散 4g（包）。

鲜佩兰芳香化浊，和中；豆豉解表退热，止胸闷；甘菊平
肝清热，止头痛；栀子清三焦之热；山楂炭、焦建曲、焦苡米、
蔻仁健脾利湿，治纳呆；益元散清暑利湿；杏仁宣肺；苏梗顺

气；川通草清热利水。

（罗和古，等．女科医案：下［M］．北京：中国医药科技出版社，2004.）

四、风温、春温

【案一】

邵某，女，57岁。

初诊：暮春感温，形体消瘦，面色黑浊，素质阴亏，津液不足，近感温热之邪，身热不重，微有恶寒，干咳无痰，头部微痛，心烦口干，咽部疼痛，舌干瘦而鲜红，脉来弦细小数。此阴虚感温，津亏液少，当用滋阴清宣方法。

处方：肥玉竹10g，嫩白薇6g，炒栀皮6g，淡豆豉10g，苦桔梗6g，前胡6g，沙参10g，杏仁6g，茅芦根各10g。三剂。

二诊：药后，寒热已解，仍干咳无痰，再以原方去豆豉、桔梗，加麦冬10g，天冬10g，又三剂而逐渐痊愈。

辨治外感证亦须注意患者的素体状况，此例患者素体阴伤，津液早亏，再感温邪，虽身热不重而阴必更伤，故舌干瘦鲜红，脉弦细小数，细主脏阴之亏，数乃郁热之象，故用滋阴生津、清宣郁热之法，仿加减葳蕤汤治之而愈。然但取加减葳蕤汤养阴之意，不用葱白发表之药，加入养阴轻宣之品，药合病机，乃能取效如此。

（彭建中，杨连柱．赵绍琴临证验案精选［M］．北京：学苑出版社，1996.）

【案二】

某。

初诊：风温从上而入，风属阳，温化热，上焦近肺，肺气不得舒转，周行气阻，致身痛、脘闷、不饥。宜微苦以清降，微辛以宣通。医谓六经，辄投羌、防，泄阳气，劫胃汁。温邪忌汗，何遽忘之。

处方：杏仁、香豉、郁金、山栀、瓜蒌皮、蜜炒橘红。

按：风温上受，肺气不得舒转，当如王孟英宜展气化以轻清，栀、芩、蒌、苇正合微苦微辛之意。若误投羌防，易致伤阴劫津而生变证。所谓温邪忌汗，是指辛温发汗而言。

（沈济苍，沈庆法．温病名著通俗讲话［M］．上海：上海科学技术出版社，2009．）

【案三】

刘某。

初诊：发热咳嗽，痰黄口干，舌苔黄腻，溲赤便结，心烦懊恼，难以名状，已经一候不解，势甚可危。请余诊之，脉来浮、弦、滑、大。此邪热销铄津液，必须生津泄邪，令津液宣布，托邪尽泄于外。

处方：冬桑叶一钱，薄荷叶一钱，银花三钱，连翘一钱五分，山栀一钱五分，香豆豉二钱，象贝母三钱，天花粉三钱，生甘草五分，冬瓜仁四钱，鲜竹茹一钱五分，牛蒡子一钱五分，鲜芦根四两。

二诊：进一剂，汗出一昼夜不止。病家骇甚，恐汗脱难救，请用止汗之法。余慰之曰：邪热非汗不解，现汗出热退，邪从汗泄，此汗多正是病之出路，断不可止。且脉息业已安静，绝无汗脱之虞。宜进粥以和胃气，候邪尽，汗自止。明日果如所言，汗止而热退尽，心烦懊恼、咳嗽、口干皆止。

处方：石斛三钱，南沙参四钱，川贝母三钱，天花粉三钱，生甘草三分，冬瓜子四钱。

二剂而康。

（巢崇山，等．孟河四家医案医话集［M］．太原：山西科学技术出版社，2009．）

【案四】

朱某，男，一岁半。

初诊：1977 年 3 月。发烧已 7 天，注射退烧药及青霉素，并用四环素静脉点滴，高热不退。进行心电图检查及胸部透视，心脏正常，肺部有病毒型炎症。体温 41℃，呼吸气促，昏睡不安，时有瘛疭，喜饮不食，大便稀黏，小便量少，色深黄。初病至今，未见出汗。诊脉浮数有力，舌尖红、苔薄白，指纹浮紫，鼻翼不扇动。询知未服中药，亦未服西药发汗。

温邪初感，未及时宣散，延误数日，病邪渐入气分。温邪化热最速，热势弛张，伤津耗液，故有气促、昏迷、瘛疭等症；津液有耗，故喜饮不食，小便少而色黄；胃有积食，故大便稀黏；风温应是自汗，此患儿体壮表实，故不出汗。脉浮数有力，表里皆热；舌尖红，津液初耗；苔薄白，邪入气分；纹紫为热；纹浮表邪尚在，有邪易外出之象。宜先用辛凉解表剂治之。拟《温病条辨》银翘散加减予服。

处方：银花 6g，连翘 6g，竹叶 2g，薄荷 2g，豆豉 5g，桔梗 2g，芦根 6g，麦芽 5g，甘草 3g。一日一剂，水煎，分多次服。

服药一剂，至夜，体温降至 37.5℃，次日中午，体温又升到 39℃，脉数，指纹色紫，患儿睡眠略安，原方加黄芩 4g，服一剂，热退身凉，未再服药。越二日，患儿即起床玩耍，病告痊愈。

银翘散为治风温初期解表之平剂，银花、连翘清热解毒，薄荷、豆豉轻散表邪，桔梗宣肺透邪，芦根清热生津，甘草解毒，麦芽和中，竹叶清热除烦，共为宣散表邪、清热解毒之剂。先服一剂，表邪解除，体温下降，次日体温又升，是里热未尽清除，故加苦寒之黄芩以清里热。表解里清，病斯痊愈。可见在外感病的解表一层，是不可忽视的。

（窦友义，武纪玲，李妍怡．窦伯清医话医案集［M］．兰州：甘肃科学技术出版社，2011．）

五、暑热

【案一】

王某，男，16岁。

初诊：今年8月14日，因高热、头痛，在商洛地区医院诊为流行性乙型脑炎（简称"乙脑"）住院，9月12日出院。出院后仍有精神呆滞、烦躁不安、时时走动、胡言乱语、记忆减退、大便干结等症状，属乙脑后遗症。查患者面色黄滞，眼神不活，苔白薄，舌质略红，脉弦数。

流行性乙型脑炎，多发生于炎热盛夏之季，属于中医学的"暑热疫疠"。其热毒内迫心肺，上攻头脑，愈后常留有轻重不同之后遗症。

脑为元神之府，肝为风木之脏，心为君主之官，乙脑病毒侵及脑、心、肝诸脏，余毒未净，热毒上扰则神呆，烦躁，下结阳明则大便干燥。治以清心安神，疏肝通腑，未净余毒，当从腑出。

处方：柴胡7g，枳实10g，赤芍15g，清半夏10g，生地黄20g，黄芩10g，当归10g，黄连5g，焦栀子10g，豆豉10g，生龙骨、生牡蛎各25g，炙甘草6g，生大黄8g（后下）。三剂，水煎，早、晚各一服。

二诊：药后自觉清爽，仍烦躁、坐立不安，已不胡言乱语，神志仍不清灵，大便已不干，脉转弦缓，舌、脉同前。腑气已通，邪有去处，然胸膈之热仍炽。

处方：前方去大黄，加石菖蒲 10g，郁金 10g，钩藤 15g。三剂，煎服同前。

三诊：急躁稍缓解，昨晨九时突发四肢抽搐，颜面痉挛，后自行缓解，食欲不振，精神郁闷，不欲言语，神情呆滞，脉弦缓，苔白腻。继以平肝清热。

处方：拟初诊方去大黄，加石决明 30g，钩藤 15g，薄荷 8g，郁金 10g，石菖蒲 10g，车前子 15g。水煎，早、晚服。三剂。

四诊：药后再未抽搐，昨日整睡一天，肢体困倦，仍不思食，精神见好，目光渐活，仍时有烦躁，并言其腹部痛，脉弦细，苔白薄，明日回家，要求多带几剂药，服完再来。

处方：将初诊处方中的大黄改为 6g，再加延胡索 10g，川楝子 10g，郁金 10g，石菖蒲 10g，钩藤 15g，阿胶（烊化）10g。煎服法同前。十剂。

五诊：今日由商县来，喜笑颜开，精神大好，语言流畅，应对有礼，急躁之症已除，再未抽搐、腹痛，大便日一行，小便须 1～2 分钟始出，但无痛楚，唯感记忆力差，读书难记。查面色红润，目光灵活，苔白薄，脉缓。拟方善后。

处方：生地黄 20g，当归 10g，黄连 3g，竹叶 8g，木通 8g，石菖蒲 10g，远志 10g，茯苓 15g，太子参 15g，龙骨 20g，龟甲 8g，生甘草 6g，灯心草 30 寸。煎服法同前，五剂。

治愈乙脑后遗症数例，常用四逆散疏肝理气、透解郁热。方中以柴胡疏肝升清，达阳于表，升少阳之清；枳壳消滞降浊，泄热于里，降阳明之浊；芍药、甘草调和肝脾。《经》云："热淫所胜,治以甘寒,以苦泻之。"常伍安神汤以养血泻火,镇心安神。方中生地黄甘寒泻火滋阴,黄连苦寒泻火除烦,以当归补阴血之不足。《伤寒贯珠集》曰:"发汗吐下后,正气既虚,邪气亦衰,乃虚烦不得眠,甚则反复颠倒,心中懊侬者,未尽之邪,方入里而未集,已虚之气,欲胜邪而不能,则烦乱不宁,甚则心中懊恼郁闷而不能自已也。"故伍以栀子豉汤,栀子体轻,味苦微寒,豆豉轻,蒸熟可升可降,二者相合,能彻散胸中邪气,为除烦止燥之良剂。再配石菖蒲、郁金解郁开窍。用上方在临床中随证加减、灵活运用,多获良效。

(王新午,王伯武.王新午、王伯武医话医案[M].北京:人民军医出版社,2015.)

【案二】

龚某,24岁。

初诊:脉寸大,头晕,脘中食不多下,暑热气从上受。治以苦辛寒方。

处方:竹叶、杏仁、郁金、滑石、香豉、山栀。

(叶天士.叶天士医学全书[M].太原:山西科学技术出版社,2012.)

六、痢疾

【案一】

杜某,男,26岁。

初诊:昨晨起发热恶寒,头晕而痛,身肢酸楚,旋即下利赤白,里急后重,日行二十余次,腹痛不欲食,小便短赤。舌苔薄白而腻,脉象浮滑。

处方:川桂枝3g,赤白芍各6g,银柴胡3g,炒香豉12g,

吴萸 5g（黄连 5g 同炒），蔓荆子 6g，赤茯苓 10g，煨葛根 10g，赤小豆 20g，炒红曲 6g（车前子 10g 同布包），姜川朴 5g，山楂炭 10g，炒枳壳 5g，炙草梢 3g，晚蚕沙 6g（血余炭 6g 同布包）。

二诊：药服二剂，寒热晕痛已解，大便脓血减少，已成溏便，日行四五次，微感腹痛里急，小便现赤涩。表证已罢，着重清里化湿，消导积滞。

处方：苍术炭 6g，赤茯苓 10g，青皮炭 5g，白术炭 6g，赤小豆 20g，广皮炭 5g，扁豆衣 6g，血余炭 6g（车前子 10g 同布包），扁豆花 6g，吴萸 5g（黄连 5g 同炒），酒黄芩 6g，炒建曲 10g，焦薏仁 15g，川厚朴 5g，煨葛根 10g，炙草梢 3g，白通草 5g，杭白芍 10g（土炒）。

服二剂，愈则停诊。

（祝谌予，等.施今墨临床经验集［M］.北京：人民卫生出版社，1982.）

【案二】

苗某。

初诊：湿伤于下，风伤于上，热处于中。湿夹热而成痢，痢下红血，湿热伤血分也。风夹热而咳嗽，痰稠舌白，风热伤气分也，从手太阴、阳明，一脏一腑立法。

处方：豆豉、荆芥炭、黄芩、薄荷、焦六曲、桑叶、黑山栀、杏仁、桔梗、薤白头、赤芍、通草。

（王旭高.王旭高临证医案［M］.张殿民，史兰华，点校.北京：人民卫生出版社，1987.）

【案三】

王某，女。

初诊：寒热呕恶，饮食不进，腹痛痢下，日夜五六十次，赤白相杂，里急后重，舌苔腻布，脉象浮紧而数。感受时气之邪，袭于表分，湿热夹滞，互阻肠胃，噤口痢之重症。先宜解表导滞。

处方：荆芥穗一钱五分，青防风一钱，淡豆豉三钱，薄荷叶八分，藿苏梗各一钱五分，仙半夏二钱，枳实炭一钱五分，苦桔梗一钱，炒赤芍一钱五分，六神曲三钱，焦楂炭三钱，生姜两片，陈红茶一钱。另玉枢丹四分（开水先冲服）。

二诊：得汗，寒热较轻，而痢下如故，腹痛加剧，胸闷泛恶，饮食不进，苔腻不化，脉象紧数。表邪虽则渐解，而湿热夹滞，胶阻曲肠，浊气上干，阳明通降失司，恙势尚在重途。书云：无积不成痢。再宜疏邪导滞，辛开苦降。

处方：炒豆豉三钱，薄荷叶八分，吴萸三分（川雅连五分拌炒），枳实炭一钱，仙半夏二钱，炒赤芍一钱五分，酒炒黄芩一钱，肉桂心三分，生姜两片，青陈皮各一钱，六神曲三钱，焦楂炭三钱，大砂仁八分，木香槟榔丸三钱（包煎）。

三诊：寒热已退，呕恶亦减，佳兆也。而腹痛痢下，依然如故，脘闷不思纳谷，苔腻稍化，脉转弦滑，湿热滞尚留曲肠，气机窒塞不通。仍宜寒热并用，通行积滞，勿得因年老而姑息也。

处方：仙半夏二钱，川连四分，酒炒黄芩一钱五分，炒赤芍二钱，肉桂心三分，枳实炭一钱，金铃子二钱，延胡索一钱，六神曲三钱，焦楂炭三钱，大砂仁八分（研），全瓜蒌三钱（切），生姜一片，木香槟榔丸四钱（包煎）。

四诊：痢下甚畅，次数已减，腹痛亦稀，惟脘闷不思纳谷，苔厚腻渐化，脉象濡数，正气虽虚，湿热滞尚未清澈，脾胃运化无权。今制小其剂，和中化浊，亦去疾务尽之意。

处方：酒炒黄芩一钱五分，炒赤芍一钱五分，全当归一钱五分，金铃子二钱，延胡索一钱，陈皮一钱，春砂壳八分，六神曲三钱，炒谷麦芽各三钱，全瓜蒌四钱（切），银花炭三钱，荠菜花炭三钱，香连丸一钱（吞服）。

（巢崇山，等.孟河四家医案医话集［M］.太原：山西科学技术出版社，2009.）

七、咳嗽

【案一】

谭某，男，53 岁。

初诊：7 个月前无明显诱因出现咳嗽，发作频繁，不分昼夜，时轻时重，气短无力。两天前外感后出现鼻塞，咳嗽加重。症见鼻塞，咳嗽，痰少质黏，不易咳出，纳差，便秘，在外院做胸片显示支气管炎，面黄形瘦，咳声不断，舌暗红干，苔黄白，脉弦细。中医诊断为咳嗽，气阴两虚，肺气上逆，治宜扶正祛邪，理肺降逆。

处方：北沙参 15g，桑皮 10g，桑叶 10g，杏仁 10g，川贝母 15g，前胡 10g，豆豉 10g，苏子 10g，芦根 20g，桔梗 10g。五剂，水煎，日一剂，分服。

二诊：鼻塞、头痛减轻，咳痰渐稀。上方加百部 15g，继服五剂。

三诊：症状缓解明显，仍便秘，加行气润肠通便之枳实 10g，厚朴 10g，砂仁 8g，芒硝 8g。继服五剂。

四诊：鼻塞、头身痛、口干、咽燥均缓解，咳嗽减轻，痰由稠转稀，易咳出，食纳见佳，大便调。守方五剂。

药后痊愈，未复发。

久咳伤肺属正虚邪实之候，辨证为气阴两伤兼感新邪，故用桑杏汤加减。方中北沙参以养阴为主，兼有清补之力，芦根更善滋养肺阴，两药配伍，增强滋养肺阴之力，兼有清补之功；桑叶、豆豉清宣燥热；前胡功能化痰止咳，其功长于下气，气下则火降，痰亦降矣，所以有推陈致新之绩，为痰气要药。苏子功能化痰止咳平喘，诸香皆燥，唯苏子独润，为虚劳咳嗽之专药，性能下气，故胸膈不利者宜之，可消痰顺气。两药伍用，化痰下气之力倍增；川贝母开泄力强，止咳化痰，长于宣肺，与前胡、苏子配合，增强宣降肺气、止咳化痰之功；杏仁苦温，归肺与大肠经，肺家要药，具止咳平喘、润肠通便之功，其性辛散，以降为主，长于宣通肺气，润燥下气，滑肠通便；桔梗独入肺经，既升且降，以升为主，功擅宣通肺气，升清降浊，澄源清流，疏通肠胃，为升提肺气之药。

（李延.李延临床医案选［M］.北京：中国中医药出版社，2018.）

【案二】

范某。

初诊：脉左弱，右寸独搏，久咳音嘶，寐则成噎阻咽。平昔嗜饮，胃热遗肺，酒客忌甜，微苦微辛之属，开上痹。

处方：山栀、香淡豉、杏仁、瓜蒌皮、郁金、石膏。

（《临证指南医案·咳嗽》）

方义：此方由栀子豉汤加味而成。方中以豆豉清解外邪，山栀、石膏清气分热邪，杏仁宣肺止咳，蒌皮、郁金化痰宽胸。总之，以微苦微辛之品，开通上痹。

加减：表邪甚，加苏梗、桑叶。痰多，加象贝、苡仁。

（单书健，陈子华.古今名医临证金鉴：咳喘肺胀卷上

［M］.北京：中国中医药出版社，1999．）

【案三】

孙某，男，7个月。

初诊：1961年4月10日就诊。腺病毒肺炎已6天，高热不退，前医曾用麻杏甘石汤合葱豉汤。现体温39℃，咳嗽发憋。纳差，腹胀，大便一天二次，不消化而稀，有黏块，脉浮细数，舌红苔黑，指纹细，色红，至气关。属表证轻而里证重，治宜和胃消滞。

处方：茯苓一钱，法半夏一钱，化橘红七分，炙甘草五分，连翘一钱，麦芽一钱，莱菔子一钱，神曲一钱，葱白二寸（后下），豆豉三钱，枳实八分（炒），焦山楂一钱。一剂。

二诊：热见退，阵阵咳嗽，有少量痰，腹微胀，手足不凉，今日未大便。脉及指纹同前，舌红苔黑黄，面黄。

处方：原方去葱白，加炒栀子一钱。再服一剂。

三诊：发热已退，昨晚至今大便二次已不稀，饮食好转，四肢温，腹已不胀。脉细稍数，舌红苔黑。

处方：原方去连翘，再服一剂。

脉证互参，此例属食积夹感，故用保和丸加枳实消导，合葱豉汤通阳解表。二诊，病已一周，表邪入里，舌红苔黑黄，故去葱白，加栀子，重在清里热，发热随退。

（中医研究院.蒲辅周医疗经验［M］.北京：人民卫生出版社，1976.）

八、哮喘

赵某，女，2岁。

初诊：哮喘由感寒而发，2日来，始则畏寒发热，无汗，鼻流清涕，咳嗽气粗。继则哮喘发作，伴有痰声，喘甚时面色青滞，唇口发绀，舌苔白厚，指纹晦暗不明。证属风寒外束，肺失宣和，痰气交阻，上壅气道。治宜宣肺解表，利气化痰。

处方：苏叶、淡豆豉、法半夏各4.5g，防风、前胡、杏仁各3g，薄荷（后入）、炒枳壳、薄橘红、桔梗各2.4g，葱管3支，薄姜1片。一剂。服后温覆取汗。

二诊：药后汗出溱溱，寒热尽退，哮喘已平，惟咳嗽未止，伴有痰声。肺气已见疏宣，痰浊滞留未化。原方去解表药加化痰药主之。

处方：炒枳壳、薄橘红、桔梗各2.4g，甘草、郁金、杏仁、炒蒌皮、大贝母各3g，法半夏4.5g，茯苓6g。一剂。

三诊：咳痰均减，气息平和。

处方：原方去枳壳、橘红，加米炒太子参、茯苓、炒苡仁各6g。

连服两剂而愈。

（朱玲玲，陈沛熙. 儿科病：近现代医家 [M]. 北京：中国医药科技出版社，2013.）

九、不寐

【案一】

某，男，40岁。

初诊：失眠七个月，服中西药无效。一身困倦乏力，食欲不振，口腻乏味，总觉胸脘痞满不适，小便黄短，入夜心烦意乱。辗转床第，难以入睡，每夜只能睡二三小时，有时彻夜不能入睡。脉濡数，苔白腻。证属湿热中阻，心肾不交。宜先治其病，若单以宁心安神则劳而无功，宜导湿热下行，引水液上行，水火济，阴阳和则病可愈，用栀子豉汤加味。

处方：淡豆豉 12g，炒栀子 12g，米仁 15g，杏仁 9g，京半夏 9g，带皮云苓 18g，川朴 9g，藿香 9g，酒芩 9g，大豆黄卷 50g，佩兰 9g，鲜竹叶半张。

服三剂，诸恙皆除，能正常入睡。

患者一身困倦无力，食欲不振，口腻乏味，胸脘痞闷，脉濡数。濡则为湿，数则为热，苔白腻，为有湿邪的征象，故因湿热困遏中焦，导致脾不运化，中土壅滞，则水火不济，心肾不交，心神不宁，致不寐。故用栀子豉汤加味治疗，栀子豉汤原方可以用来解热除烦，而其中栀子本身也有清利湿热的作用，配伍薏米、黄芩增强了清热利湿之功，半夏、茯苓、藿香、大豆黄卷、佩兰皆为醒脾利湿之药；杏仁、厚朴调畅气机，通达三焦；鲜竹叶清热泻火，除烦。

（孙西庆.名老中医失眠医案选评［M］.济南：山东科学技术出版社，2016.）

【案二】

杨某，男，43 岁。

初诊：1972 年 5 月 20 日。心烦不眠，口干，舌尖红，脉细数。为心火旺及脏躁，用栀子豆豉及甘麦大枣汤加味。

处方：川黄连 1.5g，栀子 6g，豆豉 9g，淮小麦 30g，炙甘草 9g，大枣 7g。五剂。

本案用清心宁神法，以黄连清心火，栀子豉汤治虚烦不眠，又甘麦大枣汤养心宁神，仅服三剂，诸症悉减，能入眠。心阴亏耗，心失濡养，久而化火，上扰心神，发为脏躁。心火独亢，无以下温肾水，心肾不交而不眠。栀子豉汤合甘麦大枣汤共奏养阴清热、除烦安神之功。清代高世栻解析栀子豉汤言："栀豉汤一方，乃坎、离交济之方，非涌吐之方也。夫栀子色赤、味苦、性寒，能泻心中邪热，又能导火热之气下交于肾，而肾脏温。豆形象肾，制造为豉，轻浮能引水液之气上交于心，而心脏凉。一升一降，往来不乖，则心、肾交而此症可立瘳矣。"甘麦大枣汤中"小麦为肝之谷，而善养心气；甘草、大枣甘润生阴，所以滋脏气而止其躁也"。黄连苦寒，苦入心，寒胜火，黄连功在泻心火。两方相合，阴得养，火得清，神自安，躁自除。

（孙西庆.名老中医失眠医案选评［M］.济南：山东科学技术出版社，2016.）

【案三】

张某，男，75岁。

初诊：1个月前无明显诱因出现夜间入睡困难，烦躁，即便入睡，未及5分钟即因胸闷憋气而醒，醒后感腹部烧灼，鼻孔干燥，时时以水扪之，憋气吸氧不能缓解，必须开窗伸头于窗外，张口呼吸方能缓解，缓解后卧床3～5分钟，旋即出现上症，反复多次，痛苦之情，莫可名状。患者发病后曾在外院诊治，肺功能、胸腹部CT检查无异常，生化全项示血脂升高，心电图轻度异常，对症治疗无效。患者出院后，症状持续不减，每夜起卧十数次，异常烦躁，患者家居六楼，家属恐有不测，遂求中医治疗。患者颧部红赤，表情痛苦，食纳差，小便黄，大便干。舌质红，苔腻微黄，脉弦滑。

诊断为不寐，证属虚烦证。辨证为邪热郁结于胸，邪无去路，热扰心神，烦而不眠，反复颠倒，心中懊恼。治宜清热除烦。

处方：栀子豉汤化裁。栀子10g，淡豆豉10g，白术10g，川芎10g，枳壳15g。上药一剂，水煎分服。

二诊：患者述服药后腹部烧灼似有减轻，余症无变化。舌脉亦无变化。

处方：栀子 15g，淡豆豉 15g，柴胡 15g，枳壳 30g，香附 15g，陈皮 10g，赤芍 15g，厚朴 10g，川牛膝 30g，桂枝 5g。上药四剂，水煎分服，一日一剂。

三诊：腹部烧灼明显缓解，憋气、烦躁亦有好转，无须伸头于窗外，夜间可安睡 3～4 小时，鼻腔仍干燥。

处方：栀子 10g，淡豆豉 10g，竹茹 10g，枳壳 30g，半夏 10g，陈皮 10g，茯苓 10g，香附 15g，川芎 15g，麦芽 15g，生龙骨 30g，甘草 5g。上药七剂，水煎分服，一日一剂。

四诊：腹部无烧灼，夜寐正常，无烦躁，晨起活动行走快时眩晕，行步不稳。

处方：栀子 10g，淡豆豉 10g，竹茹 10g，枳壳 30g，半夏 10g，陈皮 10g，茯苓 10g，香附 15g，川芎 15g，麦芽 15g，生龙骨 30g，甘草 5g，葛根 15g。继服七剂，诸症若失。

《伤寒论》中对栀子豉汤的论述有五条，其中，太阳病篇三条："发汗吐下后，虚烦不得眠，若剧者，必反复颠倒，心中懊恼，栀子豉汤主之。""发汗，若下之而烦热，胸中窒者，栀子豉汤主之。""伤寒五六日，大下之后，身热不去，心中结痛者，未欲解也，栀子豉汤主之。"阳明病篇一条："阳明病，脉浮而紧，咽燥口苦，腹满而喘，发热汗出，不恶寒，反恶热，身重。若发汗则躁，心愦愦，反谵语。若加烧针，不得眠。若下之，则胃中空虚，客气动膈，心中懊恼，舌上苔者，栀子豉汤主之。"厥阴病篇一条："下利后更烦，按之心下濡者，为虚烦也。宜栀子豉汤。"

可以看出，栀子豉汤主治烦，且为虚烦证，由火郁于胸而引起。抓住患者虚烦不眠、反复颠倒、心中懊恼等主症，投以栀子豉汤，效如桴鼓。对于栀子豉汤也有人认为是涌吐剂，应用栀子豉汤取其清内热之意，且所用之人从未出现过呕吐。对于栀子豉汤的方解，陈元犀分析可作参考："栀子色赤象心，味苦属火，性寒导火热下行；豆形象肾，色黑入肾，制造为豉，轻浮引水液之上升。阴阳和，水火济，而烦热、懊恼、结痛等症俱解矣。"

（王煜．王自立医案选［M］．兰州：甘肃科学技术出版社，2010.）

十、胃痛

【案一】

陈某，女，50岁。

初诊：2010年1月20日诊。两个月来胃脘不适，胃痛，烧心，下午甚。平时爱着急，病后心中烦躁，口鼻热，夜间尿频，影响睡眠。舌暗，苔薄白，脉沉。证属脾胃失和，热邪郁滞，膀胱失约。治宜和脾胃，清郁热，缩小便。

处方：半夏泻心汤加减。桑螵蛸10g，芡实10g，炙麻黄2g，蒲公英15g，连翘10g，豆豉20g，半夏6g，黄芩3g，黄连6g，党参10g，干姜3g，炙甘草3g。七剂。

患者守方连服月余，自觉症状明显改善，夜尿次数减少。经用小剂量半夏泻心汤，胃部症状基本控制，收到效果；方中桑螵蛸、芡实、麻黄治夜尿频数，见效；性急易怒，心中烦躁，口鼻出热气，用蒲公英、连翘、豆豉、黄芩治之收效。

（赵振兴．赵振兴临证医案：部位分类卷［M］．太原：山西科学技术出版社，2016.）

【案二】

沈某，34 岁。

初诊：1977 年 3 月 19 日诊。胃部不适，纳食少进，夜不安寐，舌苔黄糙。此乃胃不和则卧不安，治当清其胃热，消导和中。

处方：黑山栀三钱，淡豆豉三钱，广郁金三钱，陈皮一钱半，竹茹三钱，神曲四钱，生半夏一钱，茯苓四钱，甘草一钱。四剂。

服后纳食正常，胃脘舒适，夜寐遂安。

（连建伟.连建伟手书医案［M］.北京：中国中医药出版社，2017.）

十一、噎膈反胃

白某，56 岁。

初诊：少食颇安，过饱食不肯下，间有冷腻涎沫涌吐而出，此有年胃阳久馁，最多噎膈反胃之虑。饮以热酒，脘中似乎快爽，显然阳微欲结。所幸二便仍通，浊尚下泄，犹可望安。

处方：熟半夏二两（姜水炒），茯苓二两，生益智仁一两，丁香皮五钱，新会皮一两，淡干姜一两。上药净末分量。用香淡豆豉一两洗净，煎汁法丸，淡姜汤服三钱。

（《临证指南医案》）

评析：本案当辨为脾胃虚寒。因脾胃虚寒，运化水谷及运化水湿功能失司，而聚湿生痰，痰湿中阻，脾胃升降失司，而反胃由生，故治以涤痰化浊，和胃降逆。方中半夏、茯苓、新会皮化痰，干姜、丁香、益智仁温中降逆，摄涎止唾。经治而可望痊愈。

（唐先平，路杰云，张继明．脾胃病古今名家验案全析［M］．北京：科学技术文献出版社，2007．）

十二、泄泻

某。

初诊：因伤寒后劳复，发热，头痛，腹内作泻，势甚危急。

处方：山栀仁四钱，枳实二钱，豆豉一两，川黄连二钱，干葛三钱，调六一散五钱服。二剂。

二诊：热退，泻止，头痛亦愈。但不思饮食。

处方：去山栀、枳实、黄连，加鳖甲四钱，炙甘草二钱半，麦门冬五钱。

不数剂而愈。

表热不解，湿热入于肠胃作泻。葛根、豆豉疏解表热，山栀、黄连清热燥湿止泻，枳实行气，六一散清泄湿热，葛根兼能上行升提，所谓"逆流挽舟"，二剂表邪退泄泻止。泻后伤阴，脾胃气弱，不思饮食，去攻逐之枳实、黄连、山栀，加鳖甲、麦冬养阴，炙甘草益气和中，调理而安。

（夏翔，王庆其．历代名医医案精选［M］．上海：上海人民出版社，2004．）

十三、眩晕

【案一】

姜某，男，60岁。

初诊：1974年4月10日。头目眩晕，头痛耳聋，暴躁易怒，面色潮红，口苦，心烦不得眠，左侧手足麻木欠灵，言语尚清。舌红，苔薄黄，脉弦数，血压230/100mmHg。辨证为肝火偏盛，火动阳亢。治宜清泻肝火，潜阳息风。

处方：天麻钩藤饮合栀子豉汤加减。天麻 10g，钩藤 12g，黄芩 10g，栀子 10g，豆豉 10g，菊花 12g，杜仲 12g，桑寄生 12g，牛膝 15g，生白芍 15g，生龙骨 30g（先煎），生牡蛎 30g（先煎），甘草 6g。水煎服。

二诊：4月14日。药后诸症如前，舌红，白薄苔，脉弦。

处方：上方加夏枯草 12g，槐米 12g，水煎服。

三诊：5月9日。服药十余剂，诸症大减，血压稳定，舌红苔薄，脉弦，血压 225/90mmHg。

处方：仍宗原意，上方加珍珠母 30g 继服。

四诊：5月14日。诸症悉除，血压稳定。舌红，苔薄白，脉弦缓。予以托盘根、草决明煎汤代茶，嘱其常服以巩固疗效。

中医无高血压之病名，然该病主症为头目眩晕而痛，与中医"眩晕"一症相似。目花为眩，头旋为晕。肝开窍于目，肝足厥阴之脉"连目系，上出额，与督脉会于颠"。肝为风木之脏，体阴而用阳。风为肝之本气，风性动摇，动则眩晕，故眩晕、头痛多与肝有关，而《内经》有"诸风掉眩，皆属于肝"之说。故平肝潜阳为治高血压病重要法则，而天麻钩藤饮为泻火潜阳代表方剂。本案属阳亢为主型者，方中天麻、钩藤潜阳息风，任为主药；辅以黄芩、栀子泻火存阴，乃苦坚肾之义也；佐以杜仲、桑寄生、牛膝滋养肝肾。《伤寒论》有虚烦不得眠用栀子豉汤之条。栀子苦寒，清透郁热，解郁除烦，又可导热下行；豆豉气味俱轻，清泄热邪，和胃降气，二药相伍，降中有宣，宣中有降，清宣胸膈郁热，而心烦不得眠得解，暴躁易怒得息。诸药合用，则肝火得泻，肝阳以潜，而眩晕、头痛、心烦悉除。

（柳少逸．柳少逸医案选［M］．北京：中国中医药出版社，2015．）

【案二】

徐某。

初诊：阳动内风，用滋养肝肾阴药，壮水和阳，亦属近理。夏季脾胃主司，肝胆火风，易于贯膈犯中，中土受木火之侮，阳明脉衰，痰多，经脉不利矣。议清少阳郁热，使中宫自安，若畏虚滋腻，上中愈实，下焦愈虚。

处方：二陈去甘草，加金斛、桑叶、丹皮。

二诊：脉左浮弦数，痰多，脘中不爽，烦则火升眩晕，静坐神识安舒。议少阳阳明同治。

处方：羚羊角、连翘、广皮、炒半夏曲、黑山栀皮、香豉。

三诊：脉两手已和，惟烦动，恍惚，欲晕。议用静药，益阴和阳。

处方：人参、熟地、天冬、金箔。

（易法银．中华医书集成：第二十一册 医论医话医案类2［M］．北京：中医古籍出版社，1999．）

十四、郁证

陈某，男，26岁。

初诊：1973年11月16日。因久思郁闷，致烦热不宁，夜难入寐。舌质偏红，舌苔微黄，脉弦数。此乃情志抑郁，枢机不利，气机不畅，而致郁郁寡欢，精神萎靡，心烦不得眠。

处方：予柴胡加龙骨牡蛎汤三剂。

二诊：药后诸症悉减，续服三剂，效不显，遂问道于吉忱公。公曰：此人虽有郁火扰心神，但无烦惊，且柴胡久服疏泄耗阴，故不显效。此患者正气虚衰，邪气不盛，当宗仲景"虚烦不得眠"，"心中懊恼，栀子豉汤主之"，遂调经方栀子豉汤。

处方：生栀子10g，淡豆豉15g，如仲景法煎服之。

三剂服后欣然相告：心烦息，神情朗然，夜寐宁。续服五剂，诸症悉除。嘱服天王补心丹，滋阴养血，补心安神。

患者久思郁闷，致枢机不利，胆火郁，热扰心神，故心烦不得眠。初予柴胡加龙骨牡蛎汤，虽见效但不显，且柴胡久服易劫肝阴，故柴胡剂不宜久服。患者久思致忧愁悲伤，肺在志为忧，久之则热郁胸膈，心烦懊恼，故复诊予以栀子豉汤。方中主以栀子，苦寒清热除烦，又导火下行；豆豉气味俱轻，宣散胸中郁热，又和降胃气。二药相伍，降中有宣，宣中有降，为清宣胸中郁热，解虚烦懊恼不眠之良方，故八剂而愈。

（柳少逸.柳少逸医案选［M］.北京：中国中医药出版社，2015.）

十五、麻疹

【案一】

曾某，5岁。

初诊：2月17日，体温39.8℃。风温7日，化燥劫液，舌干红起刺，复感流行之邪，腮赤红晕小斑，麻疹隐现不达，壮热无汗，咳声不扬，一因邪郁气闭，一因阴液内涸，无蒸汗之资料，脉象洪数。急为养阴救液，凉营透表。

处方：鲜生地一两，鲜石斛七钱，淡豆豉二钱，净连翘二钱，广郁金一钱半，牡丹皮二钱，天花粉四钱，净蝉蜕一钱，玉桔梗八分，浙贝母二钱，牛蒡子二钱，鲜白茅根一两（去心）。

二诊：2月19日，体温38.6℃。进以养阴救液，凉营透表，仿红炉泼水之法，今晨疹已外达，色殷甚密，汗出润肤，舌绛转为红润，热减咳畅，可见津液既回，生机即存。自为循序渐进，以冀臻吉。

处方：鲜生地八钱，淡豆豉二钱，二味同打。浙贝母二钱，连翘二钱，牛蒡子二钱（杵），桔梗一钱，前胡一钱半，杏仁二钱，广郁金一钱半，鲜白茅根一扎（去心）。二剂。

（奚伯初.奚伯初中医儿科医案［M］.奚竹君，梅佳音，整理.上海：上海科学技术出版社，2015.）

【案二】

杨某，1岁。

初诊：1961年6月27日会诊。麻疹10天，高热不退，无汗，面红，气粗咳不爽，腹满足冷，大便稀，日3次，小便短黄，舌红中心苔黄，脉浮数有力。病由疹出未透感风，导致麻毒内闭。治宜宣透。

处方：金银花（连叶）二钱，连翘一钱半，桔梗一钱，荆芥一钱，炒牛蒡子一钱半，豆豉三钱，鲜芦根四钱，竹叶一钱半，僵蚕一钱半，粉葛根一钱，升麻八分，葱白二寸（后下）。注意避风。

二诊：每天下午高热，四肢冷，腹满。用酒精擦澡后麻疹显出，今天有战栗（先寒战后发热），似作战汗而未出，喉间有痰，气憋，胸腹部及下肢皆有麻疹，脉沉数，舌红无苔。据此，麻毒内陷，虽已渐出，但气液两伤，治宜益气养阴，清热解毒。

处方：玉竹三钱，麦冬一钱，粉葛根一钱，升麻五分，连皮茯苓二钱，扁豆皮二钱，银花藤二钱，荷叶二钱。

麻疹合并肺炎较常见。若不及时治疗或处理失当，往往导致不良后果。本例由于麻疹适出感受风邪，致麻毒内陷，故用银翘散加葛根、升麻，解肌透疹，清热解毒；僵蚕、葱白，宣肺祛风。药后疹形即显，邪毒透发外出。但气液两伤，投以玉竹、麦冬等益气养阴之品，正气渐复而愈。

（中医研究院．蒲辅周医疗经验［M］．北京：人民卫生出版社，1976.）

十六、斑疹

【案一】

陈某，3岁。

初诊：3月13日。胸膺腹部，斑出稀疏，尚有隐约肌肤之间，发泄于外者尚少，郁结于里者尚多，营分邪热，还未尽泄，脉数舌红。唯有凉营泄透，冀其布达乃幸。

处方：鲜生地七钱，淡豆豉二钱，薄荷一钱（后入），黑栀子三钱，连翘三钱，桑叶一钱半，广郁金一钱半，牡丹皮一钱半，金银花三钱，鲜茅根二扎（去心）。

二诊：投以凉营之剂，参以透泄之法，隐约肌肤之斑点，均已外达，胸腹尤多，点大红艳。营分郁热既解，身热由此减退，只需轻清解毒，谅可无虞矣。

处方：金银花二钱，连翘二钱，生甘草七分，鲜生地七钱，牡丹皮一钱半，赤芍一钱半，绿豆衣二钱，鲜白茅根一扎（去心）。

（奚伯初．奚伯初中医儿科医案［M］．奚竹君，梅佳音，整理．上海：上海科学技术出版社，2015.）

【案二】

王某，男，3岁。

初诊：1960年3月3日初诊。患儿昨晚起发热，体温38.6℃，且伴咳嗽，喷嚏，流涕，大便干，小便黄，全身皮肤遍起红疹。舌边尖红，苔薄白而干，脉搏象浮数。辨证为温邪犯肺，肺气不宣，郁热波及营血，外发成疹。治宜辛凉解表，宣肺透疹。以银翘散加减。

处方：银花 10g，连翘 10g，薄荷 5g（后下），豆豉 6g，牛蒡子 10g，桔梗 5g，竹叶 6g，芦根 15g，浮萍 6g。二剂。

服上方二剂后，热退疹消而愈。

（王永炎，杜怀棠，田德录，等.中国百年百名中医临床家丛书·董建华［M］.北京：中国中医药出版社，2001.）

十七、便秘

某。

初诊：食进脘中，难下大便，气塞不爽，肠中攻痛，此为肠痹。

处方：大杏仁、枇杷叶、郁金、全瓜蒌、山栀、香豆豉。

另服肠气方：川军（酒制九次）二两，上沉香六钱，桃仁（去皮尖，去油）六钱，乌药一两，硼砂（腐水煮，炒）二钱。共为末，每服三钱，五更时舌上舔津送下。

（巢崇山，等.孟河四家医案医话集［M］.太原：山西科学技术出版社，2009.）

十八、脏躁

郑某，女，24岁。

初诊：突然抽搐，神识昏迷，急邀余针灸，当即针内关穴，神识稍缓。至翌晨，又邀余诊治，据述昨夜经针一小时后，精神稍定，但喜笑不时发作，惊喜谵妄，左脉弦数，右脉濡弱，舌苔润白。认为肝气郁结，营血亏虚，断为脏躁病，宜养心平肝，止躁缓急为主，拟甘麦大枣汤加味。

处方：浮小麦 30g，炙甘草 9g，京丹参 9g，当归 9g，桑寄生 15g，夜交藤 15g，白马蹄 3g，双钩藤 4.5g，大红枣 10 枚。

二诊：四肢抽搐已除，神志清醒，但口燥胸热，仍以前法，以小陷胸汤加减主之。

处方：浮小麦 30g，炙甘草 9g，京丹参 9g，当归 9g，桑寄生 15g，夜交藤 15g，干瓜蒌 12g，川雅连 3g，大红枣 10 枚。

三诊：神志清醒，食欲正常，口微干，头眩晕，胸部仍有热感，再按前法加减治之。

处方：浮小麦 30g，炙甘草 9g，京丹参 9g，苏薤白 9g，夏枯草 9g，杭白芍 9g，干瓜蒌 12g，桑寄生 15g，川雅连 2.1g，杭白菊 9g，大红枣 10 枚。

四诊：诸症均瘥，唯胸前仍感不舒，心中懊侬，以栀子豉汤、甘麦大枣汤、小陷胸汤三方出入。

处方：浮小麦 30g，炙甘草 9g，苏薤白 9g，煮半夏 9g，山栀子 9g，夏枯草 9g，干瓜蒌 12g，川雅连 1.5g，桑寄生 15g，淡豆豉 9g，大红枣 10 枚。

五诊：昨晚又觉烦躁不宁，胸部懊侬有热感，仍以养心平肝，止躁缓急法。以甘麦大枣汤合栀子豉汤加味治之。

处方：浮小麦 30g，炙甘草 9g，杭白芍 9g，山栀子 9g，白马蹄 3g，桑寄生 15g，淡豆豉 4.5g，干瓜蒌 12g，大红枣 10 枚。

服上方后，诸症均愈。

（徐光华．金匮要略新编［M］．西安：陕西科学技术出版社，1991.）

十九、外痈

盐屋喜兵卫者，年弱冠。

初诊：背七椎旁发巨疮，根盘七寸许，疾痛如割，寒热往来，口渴，大便不利，精神厌厌无聊，来请治。其脉洪数。

处方：即与浮萍汤，酒下龙门丸一钱。

二诊：四日来报，暴泻十数回，由是神气虽稍清豁，疮更益痛。即遣门人关大岩代省之，还告曰："患上掀灼殆类痈。"先生曰："否，痧毒已不日，脓当成矣。"

处方：仍与前方。

三诊：居五日，复省之。脓果成，割之寸许，刺入五分，脓血溢出，痛楚顿忘。

因托之外医，不出数日，而自来谢，诸症全退，唯患处余脓滴耳。

按：患者背发 20 厘米大的巨疮，中医应诊断为"发"。疼痛，往来寒热，口渴，便秘，是内有实热，外有表证，以浮萍汤（浮萍、当归、川芎、荆芥、赤芍、甘草、麻黄、葱白、豆豉）治以调理血分，外解表散寒，并以龙门丸（药不详）泻里，酒调兼顾血分。表证解后，再用麻黄、荆芥、葱白、豆豉、浮萍、当归、川芎之辛热似乎不妥，但是，中医有"热盛肉腐成脓"之理论，辛散之药才能导致"热盛"，促其成脓，正如透脓散使用当归、黄芪、川芎、白芷，一样道理。

（马超英，张毅，等 . 中医外伤科、五官科医案［M］. 上海：上海中医药大学出版社，2008.）

小结

　　淡豆豉具有解表清热、透疹解毒的功效，无论风寒还是风热，淡豆豉皆可使用，因此，多被医家用来治疗中医内科的时疫感冒、发热、温病、痰多、虚烦、不寐等病症，外科虽也有应用，但相关医案数量不多。淡豆豉性升散，能发汗，虽质轻，药性较为温和，其功效却十分明显。发汗是治疗感冒的总则，如遇外感病邪在卫分，用药宜轻宣，因"治上焦如羽，非轻不举"，且"轻可去实"。在本节医案中有很多儿科病例，这是因为小儿是纯阳之体，稚阴未充，感冒后容易化燥和化热，对于低龄儿童而言，感冒往往是大多数急性热病的前导，于儿童只宜微汗，不可过汗，淡豆豉药食两用，其一解表，其二和胃，故而十分适宜。

附

豆豉食疗方

中华民族以五谷为料酿制美食，历史悠久。从中国饮食文化肇始，豆豉就已经出现，滋润着炎黄子孙的肠胃，沉淀在一代代国人的记忆之中，成为中华饮食历史不可或缺的组成部分。

有学者认为，豆豉起源于古老的蜀国（今四川一带）。而在川菜中，豆豉凭借独特的香味与激发食材美味的作用，成为上至达官贵人、下至平民百姓都无比喜爱的佐餐佳品。一道道被豆豉激发出无比可口的膳食菜肴也成为代代相传的美味佳肴，成为川人的最爱之一。发酵，作为一种天然的加工方式，在使食物具有更加漂亮的外观和香醇的滋味的同时，也会使之产生许多有益健康的物质，赋予了食物全新的健康属性。

时至东汉，豆豉开始逐渐作为药物应用于临床。早在张仲景的《伤寒论》中就有收入豆豉组成的方剂，明代医家逐渐认识到咸、淡豆豉的差异，多数认可"药用淡豆豉"的观点。李时珍《本草纲目》记载的造豉法已较为成熟，采用以青蒿、桑叶为辅料的多次发酵工艺进行炮制。

发展到现代，豆豉早已成为一种传统的药食两用食材，在食疗中用于外感表证及虚烦不眠。早从上古时期神农尝百草开始，古代医学家将中药的"四性""五味"理论运用到食物之中，认为每种食物也具有"四性""五味"及升降浮沉、气味薄厚。

通过饮食调理可维护和促进健康是古今中外的共识，西方医学之父——希波克拉底说："让食物成为你的药品，而不要让药品成为你的食物。"《柳叶刀》2019 年发布的一项研究显示，饮食结构不合理对 195 个国家和地区造成了慢性疾病负担和死亡威胁。慢性病的发生发展是一个漫长过程，多数起源于青少年时期，甚至提前至儿童时期，直到中年后才显现，加重恶化于晚年。

中医理论认为，豆豉和胃消食的作用与其在发酵过程中产生的酶类和有益菌有关，它们能够调节肠道菌群状态，促进消化，帮助脾胃运化水谷精微，让脾胃更有动力。同时，发酵后，大豆有效成分能够小分子化，更易于消化吸收，并产生有益代谢产物，降低食物热量。

下面就介绍几道用豆豉做的食治佳肴。

一、豆豉蒸排骨

【主料】

猪小排 500g，豆豉 30g，水发木耳 30g。

【调料】

料酒 30g，大葱 8g，姜 5g，白砂糖 8g，盐 15g，八角 3g。

【做法】

1.将猪小排放入温水内清洗干净，剁成宽 3cm、长 5cm 的块，放盘内。

2.葱白洗净，拍破后切成长 3cm 的段。

3. 鲜姜洗净，切成薄片。

4. 木耳用水发好后清洗干净。

5. 将木耳、葱段和姜片均匀地撒在小排骨面上，再放上八角，淋上料酒，再将豆豉均匀地撒在上面，最后撒上白糖、精盐。

6. 蒸锅内放水烧开，将排骨放在蒸锅内用旺火蒸 15 分钟即取出。

7. 撒上少许味精即成。

【功效】

猪肉为人类提供优质蛋白质、必需脂肪酸、血红素（有机铁）和促进铁吸收的半胱氨酸，能改善缺铁性贫血。豆豉蒸排骨补肾养血，滋阴润燥，可润肌肤，利二便，止消渴，适用于热病伤津、消渴羸瘦、肾虚体弱、产后血虚、燥咳、便秘等。

二、豆豉鲅鱼油麦菜

【主料】

油麦菜 400g，豆豉鲅鱼 100g，大蒜 5g。

【调料】

盐 3g，味精 2g，白糖 5g，香油 10g，料酒 10g，酱油 5g，生粉 5g。

【做法】

1. 将油麦菜洗净后切成段，大蒜切末备用。

2. 坐锅点火倒油，将油麦菜放入爆炒至颜色翠绿，调入少许盐、味精、白糖，出锅装盘。

3. 锅中再加少许油，下蒜末煸香后放入豆豉鲅鱼，加料酒、少许清水、味精、白糖、酱油调味，出锅前勾芡、淋香油，浇在油麦菜中即可。

【功效】

油麦菜与鲮鱼均为低热量、高营养的食物。此菜适合脾胃虚弱、神经衰弱的人群食用。

三、淡豆豉丸

【主料】

淡豆豉 10 粒，巴豆 1 粒（略去油）。

【做法】

上药研匀如泥，丸如粟米大。每服 10 丸，生姜汤送下。不拘时服。取下如鱼冻汁，病根除矣，急与补脾。实者取而后补，虚者补而后取。

【功效】

主治一二岁儿童面色萎黄，不进饮食，腹胀如鼓，或青筋显露，日渐羸瘦。

四、淡豆豉蒸鲫鱼

【主料】

淡豆豉 30g，鲫鱼 200g。

【调料】

白糖 30g。

【做法】

1.将鲫鱼洗净，去鳞及内脏，放入蒸盘内，在鲫鱼上撒上淡豆豉、料酒、白糖。

2.将鱼置武火上蒸 20 分钟即成。

【功效】

清热解毒，利湿消肿。

五、淡豆豉鸡肉煲

【主料】

淡豆豉 25g，鸡脯肉 400g，味精 3g，精盐 2g，白糖 2g，黄酒 5mL，蒜蓉 3g，酱油 5mL，鸡蛋 1 个，胡椒粉 1g，植物油 100g，洋葱丝 10g，鸡油 10g，淀粉 10g，鸡汤 100mL。

【做法】

1.将鸡脯肉去筋后切成 4cm 长的条，放在碗中，加精盐拌匀后，加入鸡蛋清拌匀，再加干淀粉，拌至鸡肉条粘上粉浆，备用。

2.烧热锅，放油烧至七成热，投入鸡肉条，划散至断红，倒入漏勺。

3.原锅放回火上，留适量油，放入淡豆豉，煸炒几下后，下蒜蓉、精盐、白糖、黄酒、酱油、胡椒粉、滑油鸡条，加鸡汤烧沸，淋湿淀粉做成流芡，起锅倒入放在火上已加入鸡油、洋葱丝的热煲里，加盖，再煲半小时左右，离火，垫衬盘上桌。

【功效】

滋补养身。

六、豆豉茶

【主料】

淡豆豉 10g，薄荷 3g。

【做法】

将淡豆豉洗净，打碎，与薄荷一起放入茶杯，用沸水冲泡。

代茶服用。

【功效】

本茶具有疏散风热、解表除烦的功效。适用于风热感冒之发热，恶寒，鼻塞，头痛，身不汗出，或微汗出，咽痛，口渴，舌红，脉数。风寒感冒者不宜服用。

七、淡豆豉葱白煲豆腐

【主料】

豆腐 2 ～ 4 块，淡豆豉 12g，葱白 15g，生姜 1 ～ 2 片。

【做法】

先将豆腐放入锅中，用生油略煎，然后放入淡豆豉，加清水 150mL（约 1 碗半），煎取 80 ～ 90mL，放入葱白、生姜，煮沸后取出即成。趁热服用，淡豆豉、生姜等可不吃。服后盖上被子，微出汗。每日 1 剂，可连续服 1 ～ 3 日。

【功效】

本药膳方具有发散风寒、清咽止咳的功效。适用于外感风寒、伤风鼻塞、流清涕、打喷嚏、咽痒咳嗽等。

八、葱豉黄酒汤

【主料】

连须葱白 30g，淡豆豉 15g，黄酒 50g。

【做法】

先将淡豆豉加适量水煎煮约 10 分钟，再放入洗净切碎的连须葱白，继续煎煮 5 分钟，滤出煎液，加入黄酒，趁热服用。每日分两次服。

【功效】

葱须疏表发汗，以散表寒；淡豆豉辛甘解表，宣散表邪，解表和中。二者合用，黄酒为引，盖被取微汗，可散表寒。适用于风寒感冒。

九、豆豉薤白粥

【主料】

粳米 100g，淡豆豉 50g，薤白 50g。

【调料】

盐 2g。

【做法】

1.粳米淘洗干净，用冷水浸泡半小时，捞出，沥干水分。

2.淡豆豉洗净。薤白去皮，冲洗干净，切细。

3.锅中加入约 1200mL 冷水，倒入粳米，用旺火煮开。

4.下入淡豆豉，改小火煮至半熟。

5.加入薤白、盐，再续煮成粥即可。

【功效】

粳米治泻痢、胃气不足、口干渴、呕吐、诸虚百损等。薤白具有通阳、散结、下气的作用，近有文献谓薤白可作冠心病心绞痛者的食疗物料。淡豆豉配薤白，温阳健脾，止大便下血。

十、葱豉豆腐鱼头汤

【主料】

北豆腐 300g，鲩鱼 1000g，淡豆豉 30g，香菜 15g，葱白 30g。

【调料】

盐 5g，味精 3g。

【做法】

1.鲩鱼头去鳃，洗净，切开两边。香菜、淡豆豉、葱白分别用清水洗净，香菜、葱白分别切碎。豆腐略洗，沥干水。

2.将豆腐、鲩鱼头分下油锅煎香，与淡豆豉一起放入锅内，加清水适量，武火煮沸后，改用文火煲半小时，放入香菜、葱白煮沸片刻，调味趁热食用。

【功效】

本品具有辛散解表、清热润燥之功效，适用于糖尿病并发风热型感冒，症见发热、口渴者。

十一、豆豉猪心

【主料】

猪心 500g，淡豆豉 20g。

【调料】

大葱 10g，姜 5g，酱油 5g，香油 10g。

【做法】

1.将猪心冲洗干净，切片，放入沸水中焯一下捞出。

2.锅中注清水，加淡豆豉煮约 10 分钟。

3.将猪心片倒入淡豆豉锅中，中火煮至熟透后捞出，加葱白、生姜、酱油、香油拌匀，装盘即成。

【功效】

本品具有补心宁神之功效，适于患有冠心病、心血亏虚、心悸及忧烦的患者食用。猪心是一种营养十分丰富的食品，它含有蛋白质、脂肪、钙、磷、铁、维生素 B_1、维生素 B_2、维生素 C 以及烟酸等。自古即有"以脏补脏""以心补心"的说法。因此，猪心能补心，治疗心悸、怔忡，可以改善心肌营养，增强心肌收缩力，有利于功能性或神经性心脏疾病的康复。

十二、荆芥粥

【主料】

粳米 100g，淡豆豉 9g，荆芥 9g，薄荷 3g。

【做法】

将荆芥、薄荷、淡豆豉煎煮，沸后 5 分钟，滤出药汁，去渣，加入粳米煮粥，稍煮即成。

【功效】

本粥适用于风寒型感冒。荆芥轻宣升散，具有祛风解表、宣毒透疹、理血止痉的功效。

十三、葱姜豆豉饮

【主料】

葱白 15g，葱须 15g，淡豆豉 10g，姜 8g。

【调料】

黄酒 30g。

【做法】

将淡豆豉、生姜（切丝）加水 500mL，加盖煎沸，加葱白、葱须，盖严，文火煮 5 分钟，再加黄酒烧开即可。

【功效】

解表和中。主治风寒感冒初期，头痛，喷嚏，发冷，无汗者。原料均为辛温散寒之品，在感受风寒之后立即服用，效果明显。

十四、桑菊薄豉饮

【主料】

桑叶 9g，菊花 9g，薄荷 6g，淡豆豉 6g，芦根 15g。

【做法】

桑叶、菊花、薄荷、淡豆豉、芦根（鲜者加倍）煎或水沏。

【功效】

患风热型感冒者宜服。

十五、葱豉汤

【主料】

葱白 20g，淡豆豉 9g。

【做法】

取葱白、淡豆豉同放入锅中，加水 400mL，武火煎 10 分钟，取汁即可。每次 150～200mL，每日 2 次，热服，发汗（勿着风）。

【功效】

解表散邪。

十六、水豆豉爆腰块

【主料】

猪腰子 500g，水豆豉 50g，泡椒 100g，青椒 20g，干红辣椒 15g。

【调料】

姜 3g，白皮大蒜 3g，植物油 20g，料酒 10g，白砂糖 2g，香醋 2g，玉米淀粉 5g，盐 3g，辣椒油 5g。

【做法】

1. 将猪腰撕去外膜，剖成两半，去净腰臊，洗净，剞上花刀改成块。

2. 泡椒切成段。

3. 淀粉放碗内，加水调成湿淀粉待用。

4. 姜、蒜切细末。

5. 青椒、干红辣椒去蒂、籽洗净，均切成段。

6. 精盐、料酒、白糖、香醋、水、湿淀粉调匀成芡汁。

7. 炒锅注油烧热，放入腰块爆炒至断生，捞出控油。

8. 炒锅留底油，入泡椒爆香，捞出盛在盘周围。

9. 锅内再放入豆豉、姜蒜末、青红尖椒段及泡椒蓉炒香，倒入腰块翻炒，烹入芡汁炒匀，淋入辣椒油，盛在盘子中间即可。

【功效】

猪腰子具有补肾气、通膀胱、消积滞、止消渴之功效。泡椒鲜嫩清脆，可以增进食欲，帮助消化与吸收。

十七、荆芥小米粥

【主料】

小米 150g，淡豆豉 150g，荆芥穗 50g，薄荷 50g。

【做法】

1. 将荆芥穗、薄荷叶、淡豆豉加清水煎熬，去渣留汁备用。

2. 将小米淘洗净，放入药汁中。

3. 用武火煮开后改用文火熬成粥即可。

【功效】

本品具有清肝息风之功效，适于风火闭窍型中风后遗症患者食用。

十八、鲫鱼羹

【主料】

鲫鱼 250g，淡豆豉 30g。

【调料】

胡椒粉 1g，陈皮 2g，干姜 3g，生姜 3g，大葱 3g，白皮大蒜 3g，酱油 6g，料酒 6g，盐 1g，色拉油 15g，花椒 4g。

【做法】

1. 将鲫鱼刮鳞去鳃，去除内脏，剔去骨刺。

2. 放冷水洗净，再用刀背将鱼砸成蓉，用水将鱼蓉调成糊状。

3. 锅内加入适量冷水，下淡豆豉烧沸。

4. 将鱼蓉倒入，再次烧沸以后用小火煮 5 分钟。

5. 干姜、橘皮磨粉。葱、姜、蒜洗净切末。

6. 放入胡椒粉、干姜粉、橘皮粉搅拌均匀。

7. 下葱末、姜末、蒜末、酱油、料酒、盐调味，再次烧沸即盛起。

8. 另取一锅加热，下入色拉油和花椒，烧沸。

9. 捞出花椒，将油泼在鱼羹上，即可上桌食用。

【功效】

此菜有健脾、开胃、益气、利水、通乳、除湿之功效。鲫鱼所含的蛋白质质优、齐全、易于消化吸收，是肝肾疾病、心脑血管疾病患者的良好蛋白质来源，常食可增强抗病能力。患有肝炎、肾炎、高血压、心脏病、慢性支气管炎等疾病的患者可经常食用。

十九、葛粉羹

【主料】

干葛根 250g，荆芥穗 50g，淡豆豉 150g。

【做法】

1. 将葛粉捣碎成细粉末。

2. 把荆芥穗和淡豆豉用水煮 6 ～ 7 沸，去渣取汁，再将葛粉做成面条，放入淡豆豉汁中煮熟。

【功效】

滋养肝肾，息风开窍。适用于言语謇涩、神志昏愦、手足不遂、中老年人脑血管硬化，可预防中风。

二十、豉椒鲜墨鱼

【主料】

墨鱼 200g。

【调料】

干红尖椒 5g，白皮大蒜 5g，大葱 5g，豆豉 10g，植物油 20g。

【做法】

1. 将鲜墨鱼洗净，用开水烫一下，滤去水分。

2. 锅内放油烧至四成热时，放入墨鱼炒到断生，滤油。

3. 炒锅上火，放入豆豉泥爆香。

4. 加辣椒翻炒，放入清水、墨鱼炒匀。

5. 勾芡，加葱段再炒匀，加香油和匀便成。

【功效】

墨鱼肉厚味美，含较多的蛋白质和多肽类物质，还有一定的钙、铁、磷、钾及维生素 B_1、维生素 B_2 与烟酸等。墨鱼有养血滋阴之功，可提高机体免疫力，产妇食用亦可养血生乳。

二十一、豉椒牛柳

【主料】

牛里脊肉 250g，青椒 100g，红椒 100g，白皮洋葱 60g。

【调料】

豆豉 10g，白砂糖 6g，酱油 10g，豌豆淀粉 8g，白皮大蒜 5g，姜 5g。

【做法】

1. 牛里脊肉切片，以牛柳调味料（酱油 5g，白糖 3g，淀粉 5g）腌过，泡嫩油盛起。青椒、红椒去籽，与洋葱同切小片。

2. 烧红锅，炒香青椒、红椒及洋葱。再烧红锅，下油，爆香豆豉、蒜蓉及姜米，牛柳、青椒、红椒及洋葱回锅，下芡汁调味料（酱油 5g，白糖 3g，淀粉 3g，清水适量），兜匀上碟。

【功效】

防癌抗癌，气血双补。

二十二、豉汁鱼段

【主料】

青鱼 300g，豆豉 20g。

【调料】

白皮大蒜 15g，色拉油 15g，盐 3g，料酒 5g，白砂糖 5g，味精 2g。

【做法】

1. 将鱼段洗净，在鱼皮上削上刀纹。

2. 将豆豉蒸熟，用刀切碎。取锅烧热，放色拉油、大蒜泥煸香。

3. 鱼放入盘中，加入豆豉和煸香的蒜油，上笼蒸 20 分钟左右，撒上糖、味精，淋入料酒即成。

【功效】

此菜具有瘦身、养颜的作用。

二十三、豉椒鳝片

【主料】

鳝鱼 500g，豆豉 15g，青尖椒 250g。

【调料】

蚕豆淀粉 5g，白皮大蒜 5g，小葱 10g，盐 6g，味精 3g，白砂糖 2g，香油 1g，白醋 15g，黄酒 5g，老抽 3g，胡椒粉 2g，植物油 50g。

【做法】

1. 将黄鳝宰杀洗净，头部脊骨切断（不要切断肉，使头身相连），用锥子将鳝尾插在砧板上，左手紧握鳝头将鳝拉直，右手持厚背小刀，从尾端下刀沿脊骨剖至头部，再在脊骨下部下刀，将另一侧从头部沿脊骨割至尾端，最后切去头、尾，便得鳝肉。

2. 用精盐将鳝肉拌过，洗净后倒入白醋搅拌。

3. 用 50℃热水泡过，去清黏液污物再洗净。

4. 将鳝肉切片，用精盐少许拌匀。

5. 辣椒去蒂、籽，洗净，切成块。

6. 把味精、酱油、白糖、香油、胡椒粉、湿淀粉调成芡汁。

7. 中火烧热炒锅，下油，放入辣椒、精盐，炒至九成熟，盛起。

8.炒锅洗净放回炉上，下油，烧至微沸，下鳝片过油约半分钟至刚熟，用笊篱捞起。

9.余油倒出，炒锅放回炉上，下蒜、葱、豆豉略爆，放鳝片，烹黄酒，用芡汁勾芡，随即放入辣椒，淋油炒匀上碟。

【功效】

此菜为冬春时令菜，滋补养颜。"豉椒鳝片"所用的黄鳝属淡水鱼类，含蛋白质、脂肪，并含有多种维生素。古籍《名医别录》列之为上品，营养价值高。唐代孟诜《食疗本草》谓："鳝鱼，补五脏，逐十二风邪。患恶气人当作臛空腹饱食，便以衣盖卧。"使人出汗，便可治病。

二十四、豆豉苦瓜

【主料】

苦瓜 200g，豆豉 10g。

【调料】

白皮大蒜 5g，色拉油 5g，香油 5g，盐 3g，味精 1g。

【做法】

1.蒜洗净，切成蓉状。

2.锅中放色拉油烧热，加入豆豉、蒜蓉，用小火炒成豆豉酱。

3.苦瓜洗净，剖开去籽后切成菱形片，放入沸水中烫熟，捞出沥干，然后加入豆豉酱、香油、精盐、味精拌匀即可。

【功效】

苦瓜中的苦瓜苷和苦味素能增进食欲，健脾开胃，所含的生物碱类物质奎宁有利尿活血、消炎退热、清心明目的功效。

苦瓜的新鲜汁液含有苦瓜苷和类似胰岛素的物质，具有良好的降血糖作用，是糖尿病患者的理想食品。

二十五、豆豉炒青椒

【主料】

青尖椒 400g，豆豉 100g，红椒 40g。

【调料】

色拉油 30g，盐 2g。

【做法】

1.青尖椒、红椒洗净，切成小块。

2.炒锅放在火上，放油烧热，放入青尖椒、红椒块煸炒出味，盛出，放入豆豉翻炒至出香味，再放入精盐，炒匀即可。

【功效】

健脾开胃，刺激唾液和胃液的分泌，增加食欲，促进肠道蠕动，帮助消化。

二十六、志士肉

【主料】

五花肉 500g，豆豉 50g。

【调料】

白皮大蒜 15g，酱油 20g，料酒 15g，干红辣椒 5g，炼制猪油 30g，盐 2g，味精 2g。

【做法】

1.将五花肉洗净，入锅，煮熟。

2.将熟五花肉切成骨牌长的片。

3.蒜去皮，切成片。

4. 干红辣椒切成两段，或一掰为二。

5. 锅上火烧热，注入猪油，将干红辣椒、豆豉、蒜片下入锅内煸出香味。

6. 随即下入五花肉，继续煸炒，炒至肉出油，烹入料酒、酱油，放盐调好味，放适量味精，然后改小火稍焖一下，汁收净后即可出盘。

【功效】

补肾养血，滋阴润燥。

二十七、豆豉鱼冻

【主料】

鲤鱼 800g，豆豉 20g。

【调料】

花生油 20g，植物油 20g，酱油 10g，味精 2g，大葱 5g，姜 5g，盐 5g，料酒 10g，白皮大蒜 3g。

【做法】

1. 鱼开膛洗净，晾干水分，横着切成 4cm 的长段；豆豉洗净；葱、姜切碎；大蒜用刀拍碎。

2. 炒锅内放花生油，烧至七成热时放进鱼段，用微火煎透后捞出。

3. 炒锅内放植物油，烧热后放葱、姜、蒜、豆豉，煸出香味后放酱油、猪皮汤和鱼段，加适量水（汤没过鱼）、盐和料酒，开锅后用微火炖 30 分钟，离火后放味精，先晾凉，再放入冰箱中冷冻，凝固即可。

【功效】

此菜可补脾健胃、利水消肿、通乳、清热解毒。鲤鱼的脂肪多为不饱和脂肪酸，能很好地降低胆固醇，可以预防动脉硬化、冠心病。

二十八、乌鸡肝粥

【主料】

粳米 100g，豆豉 20g，乌鸡肝 30g，鸡蛋清 50g。

【调料】

盐 2g，味精 1g。

【做法】

1. 将乌鸡肝洗净切片。

2. 乌鸡肝用盐、味精、鸡蛋清拌匀备用。

3. 豆豉泡软备用。

4. 粳米淘洗干净备用。

5. 在锅里加适量清水，放入粳米、豆豉煮粥。

6. 待粥熟，放入乌鸡肝搅匀，煮沸片刻即可出锅食用。

【功效】

本品具有补肝健脾、益气生津之功效，特别适于老年性白内障及视力减退的患者食用。

二十九、豆豉鸡

【主料】

童子鸡 700g，豆豉 20g。

【调料】

黄酱 10g，酱油 5g，盐 3g，味精 2g，料酒 15g，白砂糖 5g，大葱 10g，白皮大蒜 10g，豌豆淀粉 10g，花生油 30g。

【做法】

1. 将童子鸡剁成约 2.5cm 见方的块洗净，用湿淀粉 20g（淀粉 10g 加水）上浆。

2. 将勺内加油烧热，放入泡软的豆豉与黄酱炒香，放入鸡块煸炒，再加入酱油、精盐、料酒、白糖及葱蒜末炒至鸡块断生，加入鸡汤 30g，烧至鸡肉熟透，加味精，淋明油，出勺盛入盘内即成。

【功效】

鸡肉中蛋白质的含量较高，种类丰富，而且消化率高，很容易被人体吸收利用，有增强体力、强壮身体的作用。鸡肉含有对人体生长发育有重要作用的磷脂类化合物，是中国人膳食结构中磷脂的重要来源之一。祖国医学认为，鸡肉有温中益气、补虚填精、健脾胃、活血脉、强筋骨的功效。

三十、黄桃豆豉焖肉

【主料】

五花肉 300g，豆豉 50g，黄桃 100g。

【调料】

盐 5g，姜 10g，鸡精 3g，白砂糖 7g，黄酒 30g，玉米淀粉 5g。

【做法】

1. 将猪五花肉洗净切成片，放入适量姜丝、黄酒（绍酒）、鸡精、精盐、淀粉腌制 10 分钟。

2. 锅上火放油。

3. 油热后放姜丝、少许清水和豆豉。

4. 锅开后再放入腌制好的五花肉，焖 10 分钟即可出锅。

5. 将黄桃洗净，去皮、核，切成薄片，垫入盘中。

6. 将焖好的五花肉盛于其上即可。

【功效】

补肾养血，滋阴润燥。

小结

豆豉是我国传统的发酵美食。黄豆或黑豆煮熟、发酵后，其中丰富的蛋白质在微生物与酶的作用下分解为充满鲜味的游离态氨基酸，再加入辅料继续炮制，使其逐渐转化为鲜香味美的豆豉。

上面我们已经了解了许多关于豆豉的食疗方，可以看出，豆豉既是非常重要的药材，又是鲜美的保健食物。因此，我们在生活中可以经常食用一些豆豉，不仅香美可口，对于我们的身体健康也大有裨益。

主要参考古籍文献

［1］许慎．说文解字［M］．徐铉，校订．北京：中华书局，2013.

［2］张仲景．伤寒论［M］．厉畅，梁丽娟，点校．北京：中医古籍出版社，1997.

［3］吴普．吴普本草［M］．尚志钧，尤荣辑，郝学君，等辑校．北京：人民卫生出版社，1987.

［4］葛洪．肘后备急方［M］．影印本．北京：人民卫生出版社，1956.

［5］陶弘景．本草经集注［M］．尚志钧，尚元胜，辑校．北京：人民卫生出版社，1994.

［6］陶弘景．名医别录［M］．尚志钧，辑校．北京：人民卫生出版社，1986.

［7］王焘．外台秘要方［M］．高文柱，等校注．北京：华夏出版社，2009.

［8］孙思邈．千金翼方［M］．焦振廉，等校注．北京：中国医药科技出版社，2011.

［9］孙思邈．备急千金要方［M］．影印本．北京：中医古籍出版社，2019.

［10］陈藏器.《本草拾遗》辑释［M］．尚志钧，辑释．合肥：安徽科学

技术出版社, 2002.

　[11] 孟诜, 张鼎. 食疗本草 [M]. 北京: 人民卫生出版社, 1984.

　[12] 甄权. 药性论 [M]. 尚志钧, 辑释. 合刊本. 合肥: 安徽科学技术出版社, 2006.

　[13] 王怀隐, 等. 太平圣惠方 [M]. 北京: 人民卫生出版社, 1958.

　[14] 王衮. 博济方 [M]. 王振国, 宋咏梅, 点校. 上海: 上海科学技术出版社, 2003.

　[15] 朱肱. 伤寒类证活人书 [M]. 刘从明, 魏民, 于峥, 校注. 北京: 中医古籍出版社, 2012.

　[16] 苏颂. 本草图经 [M]. 尚志钧, 辑校. 合肥: 安徽科学技术出版社, 1994.

　[17] 赵佶. 圣济总录 [M]. 郑金生, 汪惟刚, 犬卷太一, 校点. 北京: 人民卫生出版社, 2013.

　[18] 唐慎微. 证类本草 [M]. 郭君双, 等校注. 北京: 中国医药科技出版社, 2011.

　[19] 寇宗奭. 本草衍义 [M]. 上海: 商务印书馆, 1957.

　[20] 王好古. 汤液本草 [M]. 北京: 中国中医药出版社, 2013.

　[21] 不著撰人. 增广和剂局方药性总论 [M]. 郝近大, 点校. 北京: 中医古籍出版社, 1988.

　[22] 李东垣. 珍珠囊补遗药性赋 [M]. 伍悦, 点校. 合订本. 北京: 学苑出版社, 2011.

　[23] 忽思慧. 饮膳正要 [M]. 影印本. 北京: 中医古籍出版社, 2019.

　[24] 曾世荣. 活幼心书 [M]. 田代华, 林爱民, 田丽莉, 点校. 天津: 天津科学技术出版社, 2013.

［25］成无己．伤寒明理论［M］．北京：中国中医药出版社，2007．

［26］卢之颐．本草乘雅半偈［M］．刘更生，蔡群，朱姝，等校注．北京：中国中医药出版社，2016．

［27］刘文泰，等．本草品汇精要［M］．北京：人民卫生出版社，1982．

［28］孙一奎．赤水玄珠［M］．叶川，建一，校注．北京：中国中医药出版社，1996．

［29］李中立．本草原始［M］．郑金生，汪惟刚，杨梅香，整理．北京：人民卫生出版社，2007．

［30］李中梓．雷公炮制药性解［M］．张家玮，赵文慧，校注．北京：人民军医出版社，2013．

［31］李时珍．本草纲目：下册［M］．校点本．北京：人民卫生出版社，1982．

［32］吴崑．医方考［M］．李顺保，蒲朝晖，校注．北京：学苑出版社，2013．

［33］张景岳．景岳全书［M］．梁宝祥，李廷荃，王新民，等校注．太原：山西科学技术出版社，2006．

［34］陈嘉谟．本草蒙筌［M］．王淑民，陈湘萍，周超凡，点校．北京：人民卫生出版社，1988．

［35］胡文焕．食物本草［M］．寿养丛书全集．李经纬，傅芳，张志斌，等点校．北京：中国中医药出版社，1997．

［36］倪朱谟．本草汇言［M］．戴慎，陈仁寿，虞舜，点校．上海：上海科学技术出版社，2005．

［37］徐春甫．古今医统大全［M］．崔仲平，王耀廷，主校．北京：人民卫生出版社，1991．

［38］缪希雍.炮炙大法［M］.曹晖，吴孟华，点评.北京：中国医药科技出版社，2018.

［39］缪希雍.神农本草经疏：五［M］.影印本.台北：新文丰出版公司，1987.

［40］王士雄.随息居重订霍乱论［M］.上海：科技卫生出版社，1958.

［41］王士雄.随息居重订霍乱论［M］.刻本.上海：醉六堂，1892（清光绪十八年）.

［42］王子接.绛雪园古方选注［M］.李顺保，柳直，校注.北京：学苑出版社，2013.

［43］王昂.本草备要［M］.薛京花，牛春来，李东燕，等点校.太原：山西科学技术出版社，2015.

［44］尤在泾.伤寒贯珠集［M］.黄海波，姚春，莫德芳，校注.北京：中国中医药出版社，2008.

［45］尤在泾.医学读书记［M］.陆小左，李庆和，孙中堂，校注.北京：中国中医药出版社，2007.

［46］叶天士.本草经解［M］.上海：上海科学技术出版社，1959.

［47］叶天士.临证指南医案［M］.宋白杨，校注.北京：中国医药科技出版社，2011.

［48］吕震名.伤寒寻源［M］.王琳，姜枫，叶磊，等校注.北京：中国中医药出版社，2015.

［49］刘若金.本草述校注［M］.郑怀林，焦振廉，任娟莉，等校注.北京：中医古籍出版社，2005.

［50］严洁，施雯，洪炜.得配本草［M］.郑金生，整理.北京：人民卫生出版社，2007.

［51］杨时泰.本草述钩元［M］.上海：科技卫生出版社，1958.

［52］吴仪洛.本草从新［M］.朱建平，吴文清，点校.北京：中医古籍出版社，2001.

［53］吴谦，等.医宗金鉴［M］.北京：人民卫生出版社，1973.

［54］吴瑭.温病条辨［M］.宋咏梅，臧守虎，张永臣，点校.北京：中国中医药出版社，2006.

［55］邹澍.本经疏证［M］.上海：上海科学技术出版社，1957.

［56］汪讱庵.本草易读［M］.薛京花，牛春来，李东燕，等点校.太原：山西科学技术出版社，2015.

［57］汪昂.医方集解［M］.苏礼，焦振廉，李娟莉，等整理.北京：人民卫生出版社，2006.

［58］沈金鳌.要药分剂［M］.上海：上海卫生出版社，1958.

［59］张秉成.本草便读［M］.张效霞，校注.北京：学苑出版社，2010.

［60］张秉成.成方便读［M］.上海：科技卫生出版社，1958.

［61］张锡驹.伤寒论直解［M］.姜建国，孙鸿昌，崔伟锋，等校注.北京：中国中医药出版社，2015.

［62］张璐.本经逢原［M］.赵小青，裴晓峰，杜亚伟，校注.北京：中国中医药出版社，2007.

［63］张璐.伤寒缵论［M］.付笑平，李淑燕，校注.北京：中国中医药出版社，2015.

［64］张璐.张氏医通［M］.王兴华，张民庆，刘华东，等整理.北京：人民卫生出版社，2006.

［65］周岩.本草思辨录［M］.薛京花，牛春来，李东燕，等点校.太

原：山西科学技术出版社，2014.

［66］郑钦安．医理真传［M］．周鸿飞，点校．北京：学苑出版社，2009.

［67］柯琴．伤寒来苏集［M］．王晨，等校注．北京：中国中医药出版社，1998.

［68］俞根初．重订通俗伤寒论［M］．徐荣斋，重订．上海：上海卫生出版社，1956.

［69］费伯雄．医方论［M］．李顺保，朱燕，校注．北京：学苑出版社，2013.

［70］黄庭镜．目经大成［M］．汪剑，张晓琳，徐梅．北京：中国中医药出版社，2015.

［71］黄宫绣．本草求真［M］．薛京花，牛春来，李东燕，等点校．太原：山西科学技术出版社，2015.

［72］康应辰．医学探骊全集［M］．石印本．上海：上海郑家木桥书业公司，1910（清宣统二年）.

［73］程应旄．伤寒论后条辨；读伤寒论赘余［M］．王旭光，汪沪双，校注．北京：中国中医药出版社，2009.

［74］程国彭．医学心悟［M］．田代华，整理．北京：人民卫生出版社，2006.